U0306689

精准饲养方案

◎ 许万根 著

中国农业科学技术出版社

图书在版编目(CIP)数据

精准饲养方案 / 许万根著 . — 北京 : 中国农业科学技术出版社 , 2018.3
ISBN 978-7-5116-3498-6

Ⅰ . ①精… Ⅱ . ①许… Ⅲ . ①畜禽—饲养—方法 Ⅳ . ① S815.2

中国版本图书馆 CIP 数据核字 (2018) 第 020171 号

责任编辑　闫庆健
文字加工　杜　洪
责任校对　马广洋

出 版 者　中国农业科学技术出版社
　　　　　北京市中关村南大街 12 号　邮编：100081
电　　话　(010)82106632(编辑室)　(010)82109702(发行部)
　　　　　(010)82109703(读者服务部)
传　　真　(010)82106625
网　　址　http://www.castp.cn
经 销 者　各地新华书店
印 刷 者　北京科信印刷有限公司
开　　本　710mm × 1 000mm　1/16
印　　张　6.5
字　　数　90 千字
版　　次　2018 年 3 月第 1 版　2018 年 3 月第 1 次印刷
定　　价　198.00 元

版权所有 · 翻印必究

◎ 作者简介

许万根，男，1965年4月20日出生。浙江杭州人。1985年毕业于浙江农业大学牧医系（现浙江大学动物科技学院）。1990年毕业于中国农业大学动物科技学院，获动物营养博士学位。同年分配到中国农业科学院畜牧研究所工作（现北京畜牧兽医研究所）。许万根博士的研究工作先后获得北京市科技进步一等奖，国家科技进步三等奖；浙江省科技进步二等奖和农业部科技进步二等奖，并于1995年享受国务院特殊津贴。

许万根博士现供职于北京旭农国际营养饲料有限公司，任公司技术经理，负责产品研发。其中甘蔗渣原料高值化利用项目获两项国家发明专利。无人照料全自动饲料中性洗涤纤维NDF测定仪系统属国际首创，已申请国家发明专利。在NDF测定仪基础上，进一步开发了填补国际空白的全自动饲用玉米有效能测定系统，全自动动物饲料消化率测定系统，全自动苜蓿和干草品质分级评定系统和全自动青贮玉米品质分级评定系统。

许万根博士的科研工作和成果在动物养殖和饲料生产领域具有开创性和先导性。他研制的国际首套无人照料全自动NDF测定仪为国内养殖和饲料行业开发系列无人照料全自动检测设备开了先河。他提出的养殖室内循环环境控制理论、养殖场雾化消毒优化方式、动物养殖无排放“三废”洁净处理工艺将为国内养殖业的绿色、健康、可持续发展提供新的理念、方式和方案。他倡导并设计的动物精准饲喂系统将推动国内养殖业的智能化应用，也可以显著减少饲料营养物的排放，实现更好的环境保护。

内容简介

本书用新的思路和理论，对现代养殖生产中涉及养殖室环境控制、养殖室消毒、精准饲喂、与养殖生产相关的无人照料自动检测系统研制，以及养殖场废气、废水和粪便处理工艺这些领域进行了阐述，并在具体工艺和设备实施方面进行了探索和研制。

本书提出了养殖室内循环系统、理想分风系统和动物个体有效风量理论；系统解释了纳米雾化消毒的物理原理；提出了精准饲喂设备研制的方向和标准；介绍了饲料中性洗涤纤维无人照料自动测试设备的研制及其应用系统的开发，如饲料玉米消化能和代谢能测定系统、动物饲料消化率测定系统，指明了无人照料检测系统应是动物养殖生产相关检测设备主要的研制方向；阐述了动物养殖“三废”无排放洁净处理工艺，即废气净化处理工艺、废水无排放洁净处理中水回用工艺和固废物（动物粪便）无排放燃烧热量回收工艺。

本书探索的领域涉及现代养殖生产的一些主要环节，将为我国养殖生产的高效、绿色和可持续发展开辟新的方向。

本书可供养殖生产领域的教学科研人员、生产管理人员和养殖设备研制生产企业参考。

古人云：

工欲善其事

必先利其器

思路决定出路
改变赢取未来

序言 Preface

畜牧生产首要的工作是动物饲养。更具体地说，是如何采用多种技术和工艺措施，发挥每个个体动物的最佳生产性能。

传统上，育种、兽医和营养是推动动物养殖生产发展主要的技术学科。而指导和实施养殖过程的技术学科饲养学，由于涉及多方面专业学科理论、知识和技术的应用，一直存在被边缘化的现象，在畜牧学科中未得到应有的重视。

同时，传统的饲养学，包括养猪学、家禽饲养学等各动物种类的饲养学，多以传统的技术和经验为基础指导养殖生产，普遍存在理论、技术和知识老化的现象，不能满足现代养殖生产的需求，无法更高效地推动动物养殖生产的发展。

在当前各领域技术飞速发展、人力资源越来越短缺、成本越来越高的情况下，我们不仅需要重新认识饲养学在畜牧生产中的重要作用，更需要提出新的理论，应用新的技术、工艺，开发新的设施、设备，使饲养学这一传统学科成为各项新技术、新工艺和新设施应用的先锋学科，在推动更高效的动物养殖生产的同时，也将为营养、育种和兽医等学科提出新的技术需求和研究课题，从而形成畜牧各学科的相互促进和发展。

许万根博士编写的《精准饲养方案》一书，从养殖环境、饲料投放、养殖室消毒、养殖场“三废”处理和无人照料全自动检测设备等方面，跳出传统的思维模式，提出并阐述了一些新的思路和方式，同时在工艺和产品研制方面进行了探索和开发。

书中提出的动物养殖室空气内循环空气净化系统概念、理想分风系统概念、单个动物有效风量概念，对于提高和改善动物高密度饲养空气质量具有十分现实的意义。而内循环空气净化系统，包括室内空气二氧化碳吸收控制系统，对于控制养殖场疾病的散播和养殖场污气外排造成的周边环境污染更具有现实意义。

养殖生产中，饲料可控精准投放，不仅可以减少饲料的浪费，也可以通过控制投料量来控制种用动物的体重、商品动物育肥后期的脂肪沉积、最佳出栏时间和最大瘦肉产出量。鉴于现有的营养标准是以动物的自由采食为基础建立的，可控的饲料投放则需要重新研究营养素需要量及其比例关系。

动物养殖“三废”，即污气、污水和污物排放是目前养殖企业最迫切需要解决的课题。著作中提出的养殖场“三废”无排放洁净处理工艺，即污气内循环净化处理、废水处理后的中水回用和污物的能量转化利用，均具有创新性，为养殖企业“三废”处理提供新的思路和工艺技术。

检测技术开发和相关产品的研制一直是国内养殖生产薄弱的领域。本书则直接提出了无人照料全自动测定设备的研制方向，具体实施了无人照料全自动饲料中性洗涤纤维 NDF 测定设备的研制，并以测定玉米 NDF 含量为基础开发了玉米有效能测定系统，测定动物粪便 NDF 为基础的动物饲料消化率测定系统等。这些概念的提出和具体产品的研制，可以有效提高养殖企业对相关养殖环节的监控能力和效率。

本书的内容和思路贯穿精准这一要求。这充分反映了当前信息化、自动化和智能化技术成果的发展和应用前景。由此，传统的动物饲养也将逐步向精准饲养方向发展，畜牧养殖业也将成为一个绿色、高效和可持续发展的产业。

李德发

中国工程院 院士

中国农业大学动物科技学院　教授　博士生导师

2018 年 3 月 1 日

前言

Preface

畜牧生产的可变量中，大家最关心的是饲料、环境和疾病控制，以及养殖排泄物的环保处理。

动物养殖，采食量是一个核心数据。采食量与饲料质量、环境卫生、动物生产状况、健康状况等密切相关。

对于生长动物，在养殖过程中应尽可能提高动物的采食量，特别是能量的摄入量。

增加采食量，可以提高增重，缩短饲养周期，减少维持需要，动物产出的饲料转化率和饲养的经济效益也得到提高。

对于种用动物，体内过多的脂肪沉积，或体形偏瘦，均对其繁殖性能产生不利影响。通过一些技术手段或养殖经验，可以了解和测定种猪或种鸡的体况指数，及时调整投料量，使种猪或种鸡能发挥其正常的繁殖性能。

对于疾病控制，免疫是主要的防控手段。

但经验表明，养殖环境的空气质量改善、养殖环境的消毒也是十分重要的技术手段。

养殖场污气、污水和固废物的环保处理一直是养殖业的“心头痛，麻烦事”。同时随着国家环境治理的加强，如何做好养殖场排泄物的环保处理已成为决定养殖场生死存亡的头等大事。

目前，养殖生产仍然是以人工参与为主的生产方式。所有的技术措施都有赖养殖场的工作人员、技术员和管理员去操作和实施。因此，实施水平或者说养殖水平、养殖效益与“人”密切相关。

不仅如此，在目前低出生率和劳力紧张的时代，国内养殖生产更加面临人力资源数量短缺和质量不高的问题。

因此，积极采用新的思路和方法，以及自动化技术、信息技术和大数据云计算技术来开发精准化、智能化的养殖设备，如实现精准自动喂料、无病毒饲养环境智能控制、有效处理养殖场污气、污水和固废物、动物饲料消化率自动测定、饲用原料玉米的有效能自动测定等，不仅可以充分应用养殖业先进的生产技术，也可以将养殖生产从“人”的因素解放出来，更多地利用设备去从事动物的生产管理、性能监测和效益评估。

养殖生产的精准化，将有力促进我国畜牧业的技术进步，实现养殖生产的绿色和可持续发展。

许万根　博士
2017年04月20日

目录 Contents

第一篇 动物养殖室空气内循环控制系统

第二篇 动物养殖自动控制精准喂料系统

第三篇 动物养殖室液体纳米雾化系统

第四篇 动物养殖场污气、污水和固废物无排放洁净处理工艺

第五篇 动物养殖无人照料自动测定系统及其应用

第六篇 动物养殖精准饲养展望

附　录

第一篇

养殖室

——空气内循环控制系统

引　言

国内猪、蛋鸡和肉鸡等养殖室的通风换气，其基本思路仍然停留在自然通风、径向通风上。这种方式在国外发达国家也十分普遍，只是在计算通风量和控制方面更为科学合理些。

由于养殖室内的环境管理主要是养殖室内的空气质量控制，而空气质量的控制，实际上是通过通风来实现的。但现实情况是，现行的通风方式未能有效解决养殖室内的空气质量，尤其在夏季和冬季，恶劣的空气质量严重影响动物生产性能的发挥，也显著增加动物的死淘率，降低北方地区种猪的繁殖性能。

养殖室内的空气质量主要包括：粉尘浓度、温度、湿度、氨气浓度、二氧化碳浓度、甲烷浓度。对于现行的通风方式，若通风量足够，可以较好地排出室内的粉尘、水汽、氨气、二氧化碳和甲烷，但温度的控制则受室外空气温度的严重制约。特别在冬季，为维持室内温度，往往通风量不足，从而造成养殖室内空气质量很差，空气湿度、氨气和二氧化碳浓度偏高。

事实上，现行的通风方式，由于风分布的不均匀，还存在一个根本性的缺陷，即无法满足动物获得有效风量的问题。有效风量是指养殖室内每个动物实际需要的风量，以及实际获得的风量。该风量不仅可以满足动物散热的需要，也能有效移除每个动物呼吸空气中超标的水汽、氨气、二氧化碳和粉尘。

再者，现行通风方式基本为外排，既没有热量利用和交换的作用，也容易引起室内污浊空气在场内和周边环境的弥漫，造成严重的环境污染。

为此，要解决有效风量，提高热量利用率和控制室内污浊空气对环境的污染，需要一种变革性的养殖室空气管理理念和技术思路。

笔者认为，养殖室空气内循环控制系统及配套的实现方案，可以有效克服现行通风系统的弊端，实现养殖室空气的精准控制，最大限度地发挥动物的生产性能。

笔者在本著作中利用动物个体有效风量和内循环控制系统理论，采用多种技术，如热交换技术、溴化锂吸收水分技术、水蒸发降温技术、太阳能利用技术、计算机系统集成和控制技术，设计了一套较为完整的动物养殖室空气内循环控制工艺，即 Alphapig 内循环精准控制系统工艺。笔者相信，通过该系统的推广应用，动物个体有效风量和内循环系统理论必将有力促进国内动物养殖业的绿色健康发展。

一、动物个体有效风量和有效通风量

动物的生长是以个体为基础的（图 1–1）。因此，满足养殖室内每个个体的环境需求，如温度、湿度和其他空气质量指标，是实现均衡高效养殖生产的前提条件，也是精准科学饲养的目标。

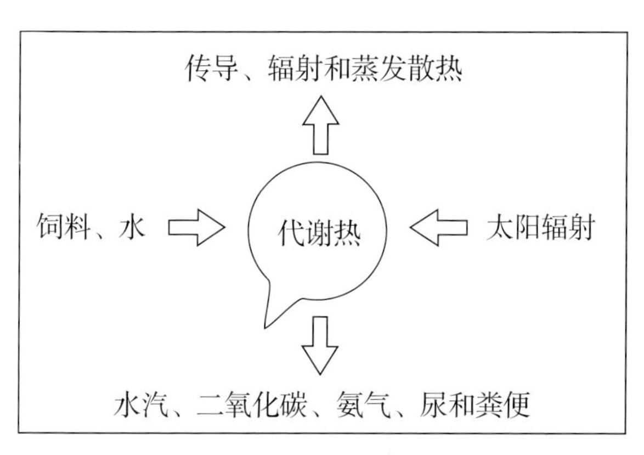

图 1–1 单个动物模式

动物个体有效风量可以定义为动物发挥正常生产性能需要的风量，包括数量及相应的质量。

该风量不仅可以满足动物散热的需要，也能有效移除每个动物呼吸空气中超标的水汽、氨气、二氧化碳、粉尘。其函数关系可以表述如下：

Va=F（B,PS,PP,T,H,A,C）

式中 Va：是指单个动物所需的有效风量

B： 动物种类及相应的品种

PS：生产阶段

PP：生理阶段

T： 达标的室内空气温度

H: 达标的室内空气湿度

A： 达标的室内氨气浓度

C： 达标的室内二氧化碳浓度

动物个体有效通风量是指满足动物个体有效风量的通风量。其函数关系如下：

$$Vv=1/\alpha \times F（B,PS,PP,T,H,A,C）, \quad \alpha=0-1\times X$$

式中 Vv：是指单个动物所需的有效通风量，该通风量应不低于动物个体有效风量。即

$Vv \geqslant Va$，X=1

B： 动物种类及相应的品种

PS：生产阶段

PP：生理阶段

T： 单个动物的产热量

H: 单个动物的水汽排出量

A： 单个动物氨气排出量

C： 单个动物二氧化碳排出量

α：为实际通风量转变为个体有效通风量的效率系数，取值 0–1×X 之间。0 表示无效通风，1 表示 100% 有效，X 表示超过个体实际需要的通风量比列系数。在没有满足个体实际有效通风量时，X 值为 1，在超过个体实际有效通风量时，X 值大于 1。当 X 值大于 1 时，表明通风量过大。

对于单笼单个饲养动物（笼子的长宽高，禽类可约定为 0.5 米，小猪，1 米，中大猪 1.5 米，成年种猪 1.8 米），在适宜的风速和风量下，α 值接近 1。这也从一个侧面说明单笼环境易于控制。

对于径向通风，α 值与养殖室空间（长度、宽度和高度）、风口与动物的距离为负相关关系，与风速、风量为正相关关系。养殖室越长，空间越大，α 值越小。在合适的风速、风量下，若通风口与动物的距离在 2 米内，α 值可以达到 0.8 以上。若在 1 米内，α 值可以达到 0.9 以上。

反之，当风口与动物的距离超过 10 米，α 值会降到 0.5 以下。增加风速和通风量可以提高 α 值，但距离风口近的动物，则需要承受过量的通风量，即 X 值会大于 1。当过量通风量是实际有效通风量的 1.5 倍以上，即 X 值大于 1.5，会对动物热平衡产生不利影响。

现行的养殖室通风方式，因通风口和动物距离不同，养殖室内不同区域的动物不仅得到的通风量不同，而且得到的 α 值也不同，同时，所得通风量的空气质量也存在很大的差别。

现代畜牧生产，多采用集约化、高密度的室内养殖。动物在高强度的生长、生理活动过程中，排出大量的水汽、二氧化碳，释放代谢热，以及消化道内和排泄物中微生物活动释放的氨气、二氧化碳和甲烷（表 1）。

同时，在科学研究和生产实践基础上，也制定了猪、肉鸡、产蛋鸡等养殖动物发挥正常生产性能的室内空气质量标准（表 2、表 3）。

个体有效通风量和 α 值是设计内循环分风系统的基本依据（表 4）。

通过表 1 至表 4 的数据，可以计算不同品种、生产阶段和饲养规模下单个动物需要的有效风量和内循环理想分风系统 α 值下的有效通风量（表 4）。

笔者没有列出现有通风系统下有效通风量的原因是无法获得现有不同通风系统下确定的 α 值。

表 1　蛋鸡、肉鸡和猪的个体日代谢产热量、二氧化碳排出量

	采食量 % 体重	干物质氧化量 千克	日粮代谢能 千卡 / 千克	产热量 千卡 / 日 / 千克体重	二氧化碳排出量 千克 / 日 / 千克体重
产蛋鸡	6	0.0321	2600	65	0.0513
肉鸡	6	0.0357	3100	65	0.0571
商品猪	3.0	0.0178	3100	45	0.0285
哺乳母猪	3.5	0.0208	3100	53	0.0333
其他种猪	1.5	0.0089	2900	23	0.0142

注 1：净能沉积按代谢能的 30% 计算，其余作为热量释放（需要再减去隐性热，即作为呼吸蒸发热释放的比例：猪 30%，蛋鸡 40%，肉鸡：50%）。二氧化碳由脂肪、葡萄糖和蛋白氧化产生，按每氧化 1 克饲料干物质，产生 1.6 克二氧化碳计算。饲料干物质的体内氧化量为采食量 × 消化率（0.85）× 0.7（由 1- 代谢能的净能沉积率比例 30% 计算得到），但产蛋鸡需要再乘以系数 0.9（含 10% 钙粉）。

注 2：采食量占体重的比重，一般情况下，随动物年龄增长而下降。因而单位体重二氧化碳的产生量也会随年龄增长而下降。代谢能的净能沉积率，与动物种类、生产阶段和生产性能密切相关。变化范围在 25%~35%。

注 3：由于动物消化道和排出的粪便因微生物的活动也产生一定的热量和二氧化碳，因此实际生产中排放的热量和二氧化碳量应该高于上述理论值。增加的幅度估计在 10%~15%。

注 4：动物呼出空气中含饱和水汽，构成养殖室空气水汽的主要来源。同时，粪尿排泄到地面、槽沟、垫料，也会蒸发水汽，但蒸发量与养殖室空气相对湿度有关。此外，在温度较高时，动物会通过蒸发散热加大饮水，水汽的释放量也显著增加。因此，动物水汽的实际产生量需要现场测算，估测的数据会产生很大的偏离。

表 2　猪舍环境参数

猪	空怀妊娠早期	公猪	妊娠	哺乳	哺乳仔猪	断奶仔舍	后备猪舍	育成猪舍	育肥猪舍
温度℃	14~16	14~16	16~20	16~18	30~32	20~24	15~18	14~20	12~18
湿度%	60~85	60~85	60~80	60~80	60~80	60~80	60~80	60~85	60~85
换气量 [米^3/ 时 / 千克]									
冬季	0.35	0.45	0.35	0.35	0.35	0.35	0.45	0.35	0.35
春秋季	0.45	0.60	0.45	0.45	0.45	0.45	0.55	0.45	0.45
夏季	0.60	0.70	0.60	0.60	0.60	0.60	0.65	0.60	0.60
风速（米 / 秒）									
冬季	0.30	0.20	0.20	0.15	0.15	0.20	0.30	0.20	0.20
春秋季	0.30	0.20	0.20	0.15	0.15	0.20	0.30	0.20	0.20
夏季	≤ 1	≤ 1	≤ 1	≤ 1	≤ 1	≤ 1	≤ 1	≤ 1	≤ 1

续表 2

猪	空怀妊娠早期	公猪	妊娠	哺乳	哺乳仔猪	断奶仔舍	后备猪舍	育成猪舍	育肥猪舍
CO_2（毫克/米^3）	4000	4000	4000	4000	4000	4000	4000	4000	4000
NH_3（毫克/米^3）	20	20	20	15	15	20	20	20	20
H_2S（毫克/米^3）	10	10	10	10	10	10	10	10	10
栏圈面积（米^2/头）	2~2.5	6~9	2.5~3	4~4.5	0.6~0.9	0.3~0.4		0.8~1.0	

引自畜牧场规划设计，刘继军 贾永全 主编，中国农业出版社。

注：哺乳仔猪的温度为：第一周：30~32℃，第二周：26~30℃，第三周：24~26℃，第四周：22~24℃。除仔猪外，其余猪舍夏季温度不应超过 25℃。

表 3 禽室环境参数

								换气量			气流速度	
		温度℃	湿度%	CO_2%	NH_3 毫克/米^3	H_2S 毫克/米^3	冬季	过渡季 米^3/时	夏季 千克	冬季	过渡季 米/秒	夏季
1. 成年禽室												
鸡室	笼养	18~20	60~70	0.2	13	13	0.7		4.0		0.3~0.6	
	平养	12~16	60~70	0.2	13	13					0.3~0.6	
2. 雏鸡室												
1~30 日龄	笼养	20~33	60~70	0.2	13	13	0.8~1.0		5.0		0.2~0.5	
	地面平养	24~33	60~70	0.2	13	13	0.8~1.0	5.0	0.2~0.5			
31~60 日龄	笼养	18~20	60~70	0.2	13	13	0.8~1.0	5.0	0.2~0.5			
	地面平养	16~18	60~70	0.2	13	13	0.8~1.0	5.0	0.2~0.5			
61~70 日龄	笼养	16~18	60~70	0.2	13	13	0.75	5.0	0.2~0.5			
	地面平养	14~16	60~70	0.2	13	13	0.75	5.0	0.2~0.5			
71~150 日龄	笼养	14~16	60~70	0.2	13	13	0.75	5.0	0.2~0.5			
	地面平养	14~16	60~70	0.2	13	13	0.75	5.0	0.2~0.5			
3. 肉鸡室												
1~15 日龄	笼养	30~33	60~70	0.2	13	13	0.8~1.0	5.0	0.2~0.5			
	地面平养	30~33	60~70	0.2	13	13	0.8~1.0	5.0	0.2~0.5			
16~28 日龄	笼养	22~28	60~70	0.2	13	13	0.8~1.0	5.0	0.2~0.5			
	地面平养	20~28	60~70	0.2	13	13	0.8~1.0	5.0	0.2~0.5			
29~70 日龄	笼养	20~25	60~70	0.2	13	13	0.8~1.0	5.0	0.2~0.5			
	地面平养	20~25	60~70	0.2	13	13	0.8~1.0	5.0	0.2~0.5			

引自畜牧场规划设计，刘继军 贾永全 主编，中国农业出版社。

表 4 单个动物有效风量和内循环理想分风系统下的有效通风量(按室温 25℃计算)

占用空间			有效风量		有效通风量	
	米³	α 值	米³/千克/日	米³/千克/时	米³/千克/日	米³/千克/时
猪						
空怀或妊娠早期	6	0.8	13.6	0.57	16.9	0.70
种公猪	18	0.9	13.6	0.57	15.1	0.63
妊娠母猪	7.5	0.8	13.6	0.57	16.9	0.70
哺乳母猪	12	0.9	31.3	1.30	34.7	1.44
哺乳仔猪	0.018	0.9	26.7	1.11	29.8	1.24
断奶仔猪	0.09	0.9	26.7	1.11	29.8	1.24
后备母猪	2.4	0.8	26.7	1.11	33.5	1.40
育成母猪	2.4	0.8	26.7	1.11	33.5	1.40
育肥母猪	2.4	0.8	26.7	1.11	33.5	1.40
肉鸡						
肉小鸡 0~2 周	0.15	0.8	38.3	1.59	47.8	2.00
肉中鸡 3~4 周	0.21	0.7	38.3	1.59	54.6	2.28
肉大鸡 5 周龄以上	0.36	0.7	38.3	1.59	54.6	2.28
产蛋鸡	0.25	0.9	38.3	1.59	42.5	1.77

注 1：有效风量：在室外和室内温度 25℃下，每千克体重所产热量的 50% 需要通过换气移除，所交换空气的升温幅度为 3℃，所需风量为有效风量。空气在 25℃下的热比容为 0.28 千卡 / 米³·℃，因而需要的通风量为（产热量 ×0.5）/（3×0.28）。

注 2：有效通风量：假定内循环系统的换气效率为 1，有效通风量 = 有效风量 / α 值。

二、养殖室内循环系统

养殖室内循环系统可以定义为密闭养殖空间下，室内空气的理想内循环（图 1–2）。

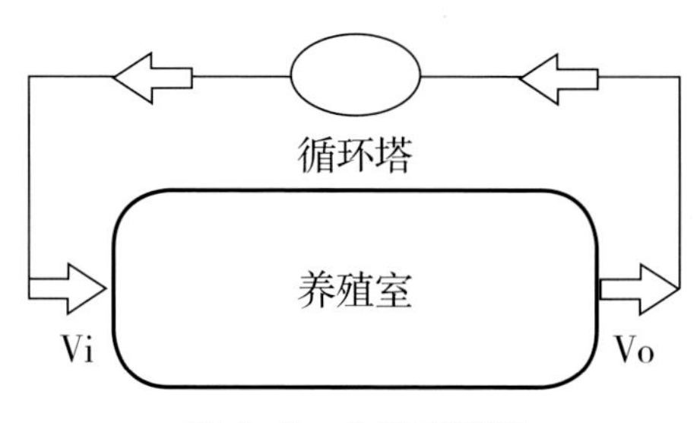

图 1–2 内循环系统

理想的内循环方程为：

Vi=(1–K)×Vo，K=X/Vo，在单次循环中，设定 Vi 与 Vo 完全不相交，即 K 值为 0。

式中 Vi 为养殖室进风量，Vo 为养殖室出风量，K 值为出风的空气中含有刚进风空气的比列。X 为出风空气中含有进风空气的量。

Vi=Vo，表示每次循环过程中，循环的空气均来自养殖室，且进入养殖室的风量等于从养殖室排出的风量。同时，排出的空气均来自养殖室原先存在的空气，与刚经过单次循环进入的空气完全不同。若排出的空气经 N 次单循环，仍然与进入的空气不同，且 N 次循环的通风量等于养殖室的总空气量，则表明循环通风效率 E 达到最大，取值为 1。通风效率也可以表述为养殖空间完成一次完全换气需要的内循环次数。在最佳通风效率下，通风次数达到最小值（Nm），即 E=Nm/N。实际情况下，N 大于 Nm，因此，E 小于 1。

循环通风效率的计算公式如下：

E=Σ（1-Ki）×Voi/ΣVii，i 为 N 次单循环通风下的单次通风。Ki 为 N 次循环通风下每次的比列系数（即出风的空气中含有刚进风空气的比列）。Voi 和 Vii 为各单次循环的出风量和进风量。

当 K 为 0 时，E=ΣVoi/ΣVii，由于是内循环，单次 Vo 和 Vi 均相等，N 次循环的 ΣVoi 和 ΣVii 也相等，E 等于 1，表明通风换气效率达到 100%。

实际情况下，由于出风和进风存在混流现象，K 值均小于 1。K 值大小直接反映了养殖室不同通风方式下的通风效率。径向通风从理论上看可实现 K 值的最大化，但受到养殖室长度、宽度、高度，室内障碍物以及密封状况的影响。K 值可以表述为以下因子的函数：

K=F（L,W,H,R,A）

式中 L，W，H 分别为养殖室的长、宽和高。R 为养殖室内部风阻状况，与室内的养殖设施布局密切相关，A 为养殖室的密封状况。

K 值应通过现场实际测定来获取。

对于横向通风，由于存在对流、涡流等室内空气交换现象，K 值变化更大。实际值也需要通过现场测定获得。

总的趋势是，养殖室空间越大，K 值越小。养殖室 R 值越大，K

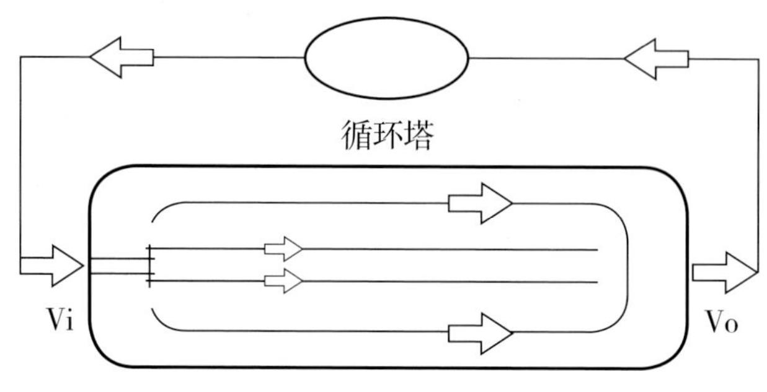

图 1-3 内循环理想分风系统

值也越小。养殖室漏风点多，K 值也越小。

三、内循环理想分风系统

要实现理想的内循环，即实现 E 值和 α 值等于或接近于 1，不仅需要适宜的通风量，更需要理想的分风系统（图 1-3）。

理想分风系统的分风效率 Dair 可由以下关系式定义：

Dair=F（E，α），当 E 和 α 均为 1 时，Dair 值为 1，达到理想分风系统状态。其物理含义是，当达到最佳通风效率（E 值等于或接近于 1）和单个动物最佳实际通风效率（α 值等于或接近于 1）时，内循环的分风系统处于理想状态。该状态下的分风系统为理想分风系统。

对于单个动物 i，Dair（i）=F（Ei，αi），把该函数的右边项拆分为两个部分：

Dair（i）=F（Ei）+F（αi），若养殖室内有 N 个动物，则总的 Dair 可有以下方程表示：

$$Dair=\sum Dair(i)/n$$

ΣDair（i）=a×ΣF（Ei）+b×ΣF（αi），a 和 b 分别为最佳通风效率和单个动物最佳实际通风效率对于养殖室分风系统效率的权重值。在理想状态下，a 和 b 的取值为 0.5，即最佳通风效率和单个动物最佳实际通风效率对于养殖室分风系统效率同等重要。

从上述方程可知，养殖室分风系统的效率 Dair 由单个动物 Dair（i）相加得到的总数除以单个动物数量。单个动物的 Dair 则由最佳通风效率 F（Ei）和单个动物最佳实际通风效率 F（αi）相加得到。

通俗来说，对于理想的分风系统，分风的面和点都需要最优化。对于面，要采用尽量少的循环次数实现养殖空间的完全换气；对于点，要实现送入养殖室的新风，尽可能接近动物，从而用最小量的送风量最大限度满足动物的有效通风量。

现实条件下，由于受资金投入和空间的限制，要实现理想分风系统并不容易。但根据养殖室平面和空间结构，采用合理的管道布局，可以实现较好的分风系统。

四、热交换保温和空气净化

内循环系统事实上是一个封闭系统，进入养殖室的空气全部来自养殖室自身的空气（图 1–4）。

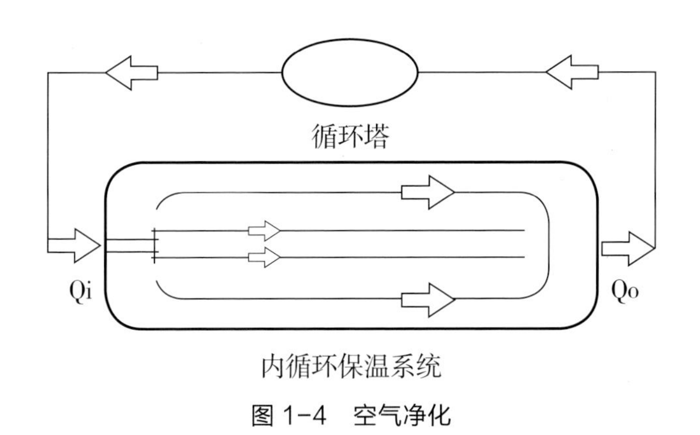

图 1–4 空气净化

因此，内循环系统没有热量损失，空气温度保持不变，即：

To=Ti, 或者 Qo=Qi

式中 To 和 Qo 为出空气的温度和热量，Ti 和 Qi 为进空气的温度和热量。因此内循环系统是一个保温系统。作为一个保温系统，内循环系统在国内多数地区，尤其是寒冷地区的冬季维持养殖室温度将起到十分重要的作用。

但对于相对湿度，若循环塔内是水溶液，则有：Ho → Hmax（T）

表明室内的湿度将在温度 T 下达到饱和状态。

若要降低室内的空气湿度，就需要增加除湿装置，或引入室外的低湿度空气，或者循环水溶液的温度。

内循环系统的空气，均会经过循环塔。循环塔的循环液体多为水或含消毒液的水。这样，可以基本去除空气中的粉尘（还有其上的病原微生物和病毒）、病原微生物、病毒、氨气、硫化氢等有毒有害气体，进入养殖室的是洁净的新空气。

内循环系统不仅可以保温，也可以升温和降温。

若要升温，可以提高循环液的温度；或加热进入养殖室的空气。

若要降温，可以降低循环液的温度。如采用井水，或加冰，或制冷（图 1–5）。

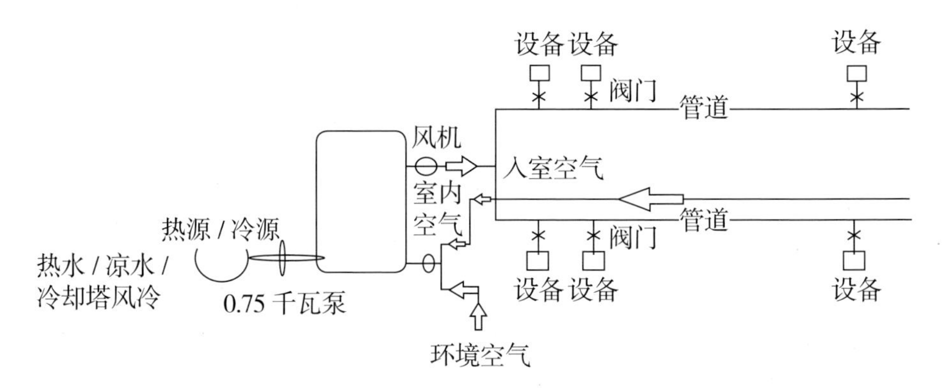

环境温度：15~30℃，将环境空气送入室内，北方，可以启动冷却塔，湿润空气，南方直接送入空气。
环境温度：大于 30℃，既可用环境空气或采用冷水冷却空气，也可将风送入室内。
环境温度：小于 15℃，可将室内空气送入热交换塔，净化后返回室内，也可以通过热水或热风，净化后送入室内。

图 1–5　热交换空气系统

五、蒸发降温和凉风系统

夏季降温，对于减轻高温高湿对动物生产性能的有害影响十分重要。内循环系统中的蒸发降温是一项有效的技术措施。循环塔与水幕降温相比，原理类同，但交换的表面积更大，可以更快速平衡循环液和空气的温度（图 1-6）。

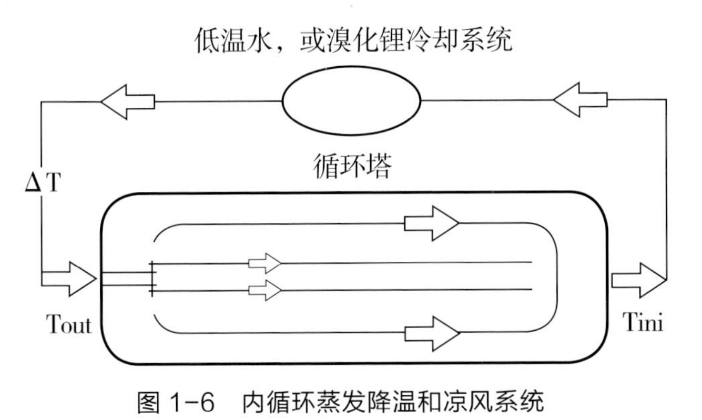

图 1-6 内循环蒸发降温和凉风系统

简单的技术措施是降低循环塔循环液的温度，这包括使用井水、低温自来水等，或者对循环液进行制冷。另一种有效的方式是溴化锂吸收空气水分的降温系统（图 1-7）。

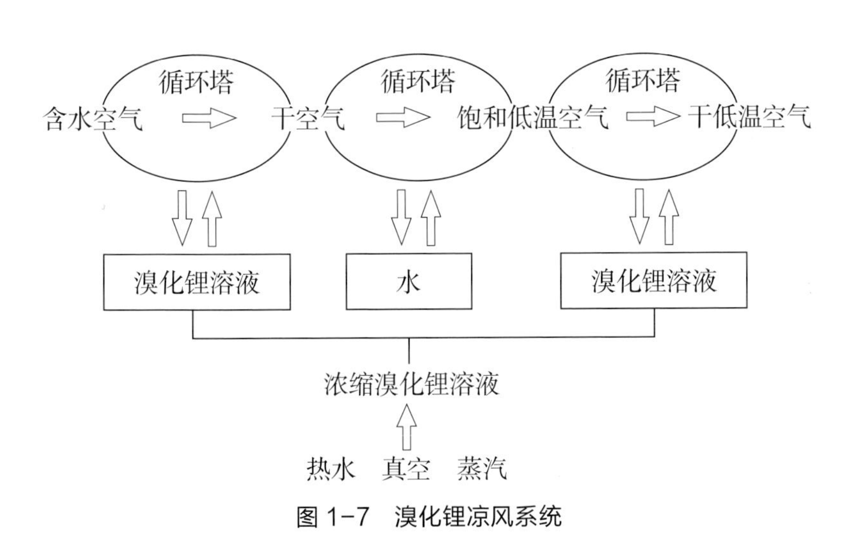

图 1-7 溴化锂凉风系统

其原理如下：

溴化锂溶液对空气中的水分有强力吸附作用，室内空气进入溴化锂溶液循环塔后，空气中的水分被溴化锂吸收，出循环塔的空气几乎不含水。当该干空气进入密闭的水循环塔，干空气会吸收水分，循环塔的水因蒸发降温而温度下降，出水循环塔的空气温度也随之下降。

假定初始水温为 Tini，若空气离开循环器时，空气的湿度达到 Tini 下的饱和水汽量 Wsat（kg），那么，每立方空气可吸收热量 K×Wsat，K 为 Tini 下的水蒸发比热（KJ/Kg）。循环水温下降的温度可由以下方程计算得到：

$$Tout=Tini-\Delta T$$

$$\Delta T=[Vair\times(Kt\times Wsat)-Kair\times Wair]/Ww$$

式中 Tout 为出风的温度（℃）

Tini 为进风的温度（℃）

ΔT 为循环水温下降的温度（℃）

Vair 为总的通风量，立方米

Kt 为 T 温度下水的蒸发比热（KJ/Kg）

Wsat 为 Tout 温度下的饱和水量（Kg/m^3）

Kair 为 T 温度下空气的比热（KJ/Kg）

Wair 为 Tout 温度下的总的空气质量（Kg/m^3）

Ww 为循环水重量（kg）

若需要对出循环塔的空气除湿，可以进一步将被降温的空气送入另一个溴化锂溶液循环塔，水分被吸收后，低温空气进入养殖室。

溴化锂溶液吸收水分后浓度下降，吸收水分的能力也下降，因此需要准备一套溴化锂溶液水分蒸发装置。该装置配有真空系统和热源。热源可以是温度 75℃以上的热水或蒸汽。热水可以用电、煤、生物质、天然气来加热，也可以用太阳能热水系统。

浓缩后的溴化锂溶液可重新返回循环塔回用。

六、二氧化碳吸收和浓度控制

由于内循环系统是密闭循环系统，循环空气中的粉尘、微生物、氨气、硫化氢和其他污气可以被水或消毒水去除，但二氧化碳仍然存留在空气中。因此，有必要配置一套二氧化碳吸收系统（图 1-8）。目前有多种技术来吸收和控制空气的二氧化碳浓度。但存在资金投入和吸收效率问题。如何高效低成本吸收和控制养殖室二氧化碳浓度仍然是一个急需解决的技术课题。

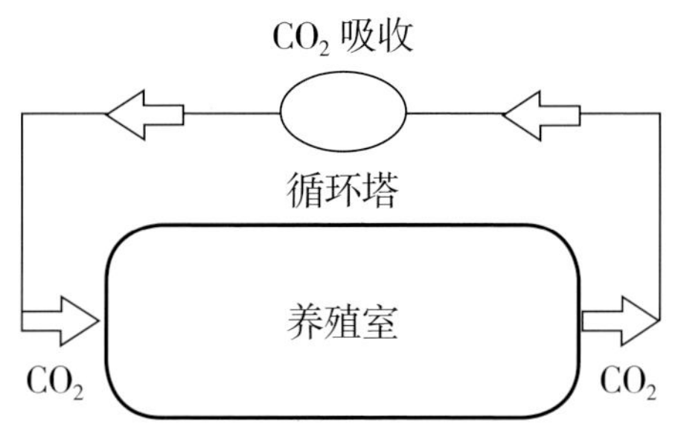

图 1-8 内循环二氧化碳吸收系统

七、内循环系统的外循环方式

在尽力发挥内循环系统作用的同时，当外界气温在 15~28℃时，可以让内循环系统变得开放，即来自养殖室的空气经过，或者不经过循环塔水洗后，直接排放到室外。进入养殖室的空气则来自经循环塔处理或不经处理的室外环境空气。

排出或进入养殖室的空气量，以及是否需要循环塔处理，均通过计算机系统软件根据养殖室的温度、湿度和二氧化碳、甲烷浓度来确定（图 1-9）。

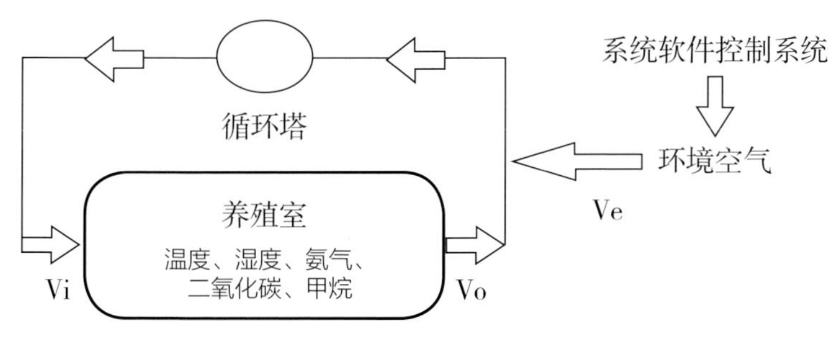

图 1-9 内循环系统开放模式

八、Alphapig 云动物养殖室内循环控制系统

任何精准饲喂方案，均需要有养殖室环境控制的精准方案。内循环控制系统是一种科学高效的养殖室环境控制精准方案。Alphapig 云

根据内循环系统理论，在国际上首次发展了一套饲养室环境精准控制方案（图 1-10）。该方案由以下几个部分构成：

1. 养殖室的密闭

2. 分风管网系统：尽量达到理想分风系统要求

3. 水或消毒液循环吸收系统

4. 二氧化碳循环吸收系统

5. 溴化锂空气降温系统

6. 内循环开放控制系统

7. 计算机软件控制系统，包括温度、湿度、氨气和二氧化碳传感器设置及读取

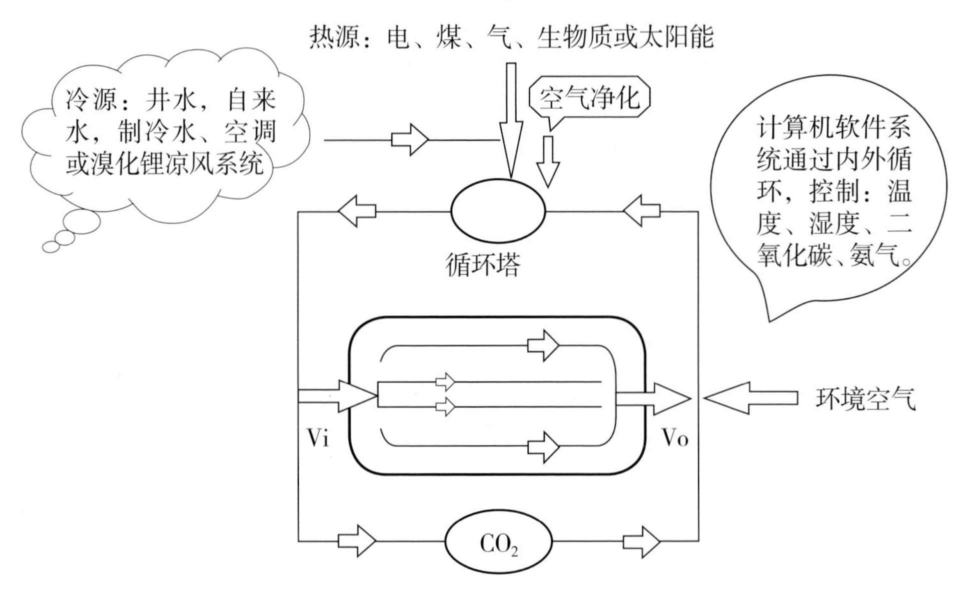

图 1-10　Alphapig 云动物养殖室内循环控制系统

九、猪、肉鸡和产蛋鸡内循环控制系统重点应用方向

1. 猪

养猪生产中，内循环系统的重点应用可以放在产房母猪和仔猪培

育上。由于产房母猪和仔猪对温湿度和其他环境因子，如病原微生物、病毒等的变化十分敏感，建立内循环环境控制系统可以有效实现环境参数的优化，从而安全放心地进行养猪生产最重要阶段的工作，稳定猪场的养殖效益。

2. 肉鸡

肉鸡生产的特点是密度高，强度大，环境负荷高。内循环系统可以有效应用到肉鸡养殖生产中。肉鸡饲料蛋白质含量高，排泄物中的尿酸很容易转变为氨气。内循环系统的水循环系统可以很容易将室内空气中的氨气去除。此外，室内空气经过消毒液循环处理后，粉尘、病原微生物和病毒均被清除，进入室内空气几乎达到无菌状态，这样可以显著降低肉鸡养殖室内的病原微生物，尤其是病毒的数量，肉鸡发生感染的概率也显著下降。由于肉鸡饲养周期较短，通过内循环空气净化系统的实施，有可能实现肉鸡免疫次数和种类的减少。

3. 产蛋鸡

产蛋鸡多为笼养方式。蛋鸡生产也存在高密度饲养的环境控制问题。在冬季，蛋鸡养殖室部分区域，特别是在径向通风下，远离风机的养殖区域，空气质量很差，二氧化碳浓度超过 5000mg/kg 以上（大气正常的二氧化碳浓度为 400mg/kg）。在夏季，蛋鸡在笼子内无法走动，蛋鸡周围的微环境（可以定义为距离蛋鸡身体约 10cm 距离的范围内）几乎处于静置状态，形成了一个空气热隔离层。该隔离层阻止了蛋鸡代谢热向环境的释放。这样，尽管蛋鸡室温度或外界气温不超过 30℃，但产蛋鸡的个体热应激却十分严重。因此，需要打破该微环境空气隔离层。有效的方式是采用内循环分风系统。该分风系统也特别有助于冬季蛋鸡室的保温和温度均匀化。

第二篇

养殖

——自动控制精准喂料系统

引 言

动物养殖生产中，饲料是养殖生产的物质基础，饲料成本占总养殖成本的60%~70%。不仅如此，饲料配方和采食量与动物的生长、动物的健康状况、种用动物的繁殖性能、畜产品品质等畜牧生产的关键因子直接相关。

动物的采食量状况是反映养殖场动物生产状况和生产水平的最核心数据。通过及时掌握饲养动物的采食量，管理人员可以清楚了解喂养动物每日的生产状况，并可以及时做出调整措施。

计算机软件控制系统可以为不同品种、不同生产阶段的动物设定一套标准的日投料量数据。用户可以比较实际采食值和系统设定值之间的差距，并分析原因。从而为养殖场分析其喂养动物的生产水平提供一个较为客观的参考标准。

商品育肥猪体重100kg开始需要确定最高瘦肉率下的采食量，以及配方的能量、蛋白质和赖氨酸水平，这样可以避免过量的饲料转化为体内脂肪。

肉鸡在后期生产中也需要确定体重增长中蛋白沉积和脂肪沉积的关系。生长后期，在蛋白质沉积下降，甚至处于停滞的状态下，需要调整配方或控制采食量。对于现代白羽肉鸡，可以生产出高屠宰率的胴体；对于商品土鸡，则可以控制胴体肥度，实现既满足口感需求，又不增加饲料的消耗。

同时，另一个需要考虑的因素是：对于后期生长的瘦肉型商品育肥猪，能量的需要并不容易降低，若降低能量的摄入量，就可能降低增重和瘦肉的增长。由于维持需要占比已很大，增重的下降会严重降低饲料报酬。因此，如何调整喂料量需要综合考虑多种因素。例如，直接对育肥猪称重，同时用超声波测定背膘厚度，从而确定最佳喂料量。

对于种猪，通常需要限制其采食量；对于商品猪，需要促进其采食；对于育肥后期商品猪，需要通过控制采食量提高瘦肉率。从养猪管理角度看，又需要及时了解和掌握猪群的采食量。

因此，精确计算动物的采食量需求，精确投放动物每日所需的饲料，精确得到动物每日的实际采食量数据，是实施智能化精准饲养的关键技术要求和目标。

通过精准饲喂，还可以节省劳力，杜绝饲料的浪费。

目前，每个养殖动物品种均经高度培育，有较为确定的生产性能数据，如采食量数据，增重数据和种用动物繁殖性能数据。饲料营养的研究也基本明确了动物维持、蛋白质沉积、脂肪沉积所需要的饲料代谢能、蛋白质、氨基酸和其他常量、微量营养素。

这些数据为精准饲喂提供了坚实的科学依据。

通过精准饲喂，也可以更精确地设计配方的营养水平，如蛋白质、钙、磷、微量元素和维生素水平，在满足动物正常生产需要的前提下，最大限度地减少各种营养素的排泄，保护我们的生态环境。

实现精准饲喂，不仅需要有数据，也需要有配套的设备和控制系统。

目前，对于母猪，建立了智能化的饲喂站，可以根据母猪的体重、生产状况来确定和控制其喂料量；对于商品动物，以自由采食喂料模式为理论基础，国内外推出了多种类型的精准饲喂设备，这些设备均具有控制喂料的功能，但多数设备不能统计实际的喂料量。

但笔者认为，作为养殖业传统饲喂方式的分餐饲喂、饲料浸泡饲喂，也值得重新评估。

笔者 1987 年在中国农业大学戎易教授指导下攻读动物营养学博士学位期间，参与了由中国农业大学动物科技学院杜伦教授设计的一个快速养猪法实验，对照组是传统的干料饲喂，自由采食，实验组采用饲料喂前浸泡，每日 4 餐精准投料，投料量逐日增加，但以次日不剩料为原则。全程 120 天的实验结果发现，实验组猪的采食量、日增重和饲料转化率均显著提高，幅度均超过 20%。

这一结果给参与实验的生产技术人员留下深刻的印象。不过由于当时实验数据被引用到某公司的添加剂效果宣传中，对饲喂方法的作用则未做进一步深入的实验评价。笔者随后也转入产蛋鸡的营养研究，及其他研究工作，但自此一直认为，猪的科学饲喂方法和科学的营养配方一样，也能提高猪的养殖效益。

事实上，当时在国内的养猪场，采用潮拌料和分餐喂也较为普遍。只是随着劳动力紧张、劳动力成本的上升，现在几乎都采用干料饲喂和自由采食的方式了。

30 年后的今天，我们已进入互联网、物联网和大数据时代。人工智能的应用也越来越深入各个产业领域。采用自动控制技术，将 30 年前快速养猪法采用的饲喂法用机器来实现，将是猪生产领域对传统方法的一次创新传承。

总之，精准饲喂对于节省饲料、加强生产管理、提高畜产品品质和环境保护均具有十分重要的作用。笔者认为，智能化的精准饲喂将有力推动中国现代畜牧业的发展。

一、饲喂方式

动物生产中，喂料是最基本的环节。喂料的基本要求是既要满足动物的采食量需求，即营养需求，也要避免因动物玩耍和扒料造成的饲料浪费。早期，国内养猪多采用一日三餐人工喂料方式。这种方式的优点是饲料浪费减少，饲养员也可以了解动物的生长和采食状况。缺点是劳动强度大，而喂料量是否合适则取决于饲养员的责任心。

目前，为减轻劳动强度，多采用自由采食方式干法喂料。喂料器设有下部的采食口和上部的料仓。料仓的料可以采用人工方式或机械方式补充。采食口的设计尽量避免饲料浪费。不过，据统计，仍然有 3%~5% 的饲料被动物玩耍或扒料浪费掉。

自由采食的另一个突出优点是养殖动物群的每个动物均有时间和机会采食，满足其生产活动的需要。

自由采食也是动物营养研究的基本前提。从某种意义上来说，现代的营养素需要量研究、饲养标准的制定，以及配方的设计，完全建立在动物自由采食这一基本前提条件上。

自由采食就是假定动物按需采食，来满足其生命活动和生产的需要。不过，许多研究和生产经验表明，干预饲喂可以改变采食量。**精细的诱导饲喂程序**可以改变动物的采食行为，促进动物的采食，达到“多吃多长”的目标。

显然，目前动物营养研究中，还缺少“多吃多长”对营养素需要量影响的研究。由于增加的采食量和增重的改变与自由采食方式下的增重不完全相同，相应的营养需求也应有所调整。简单地说，在饲料营养领域，对于“加快生长”所需的营养素比例调整，及相应的配方调整，目前还缺乏必要的实验数据。

在业已规范流行的体系下提出精细的诱导饲喂程序这一概念，是否是多此一举，是标新立异，是无用功？笔者认为值得探讨。其理由是因为智能饲喂器的出现和应用。

在饲养实践中，我们经常会发现，在同一饲养场，在以人工喂料的方式下，不同饲养员的生产业绩差别很大。同样的动物群，同样的饲料，同样的养殖环境，业绩的差异来自喂养过程，其中最重要的是喂料。优秀饲养员会自觉不自觉地采用精细的诱导饲喂程序，让动物尽量多吃，动物长得快，生产业绩也更好。但在劳动力紧缺的时代，招聘优秀饲养员越来越困难。因此，需要采用能模拟优秀饲养员喂养经验的智能饲喂器。

浸泡饲喂，是十分传统的饲喂方式。饲料经过几个小时的浸泡后，水分进入玉米、豆粕等原料的颗粒内，饲料会膨胀，并变得柔软，当被采食到胃内后，会更容易被胃内的消化酶消化。因此，虽然未有大量实验数据的支持，流行的看法和经验是，饲料浸泡可以提高饲料的消化率。

分餐饲喂既可以是人工方式下自由采食的一种形式，也可能是优秀饲养员实施精细的诱导饲喂程序的秘诀。由于采食量在某种意义上属于动物的一种社会行为，动物和动物之间的交流（牵涉群体内各动物的等级次序），人和动物之间的交流会影响动物的采食。

浸泡饲喂和分餐饲喂，由于目前劳动力的缺乏，不管是采用自由采食方式模式，还是采用精细的诱导饲喂程序方式，均需要智能饲喂器来实施和完成。

通过以上分析可知，目前流行的饲喂方式是干法自由采食。这是简单实用的饲喂方式。但精细的诱导饲喂程序、分餐定量饲喂、浸泡料饲喂，由于具有促进采食量，加快增重和提高饲料消化率的独特作用，在当前智能化的大时代的背景下，也值得重视和探索。

二、精准饲喂器

通过前述分析，不难得出理想精准饲喂器的设计要求：

1. 可以控制下料。

2. 进一步，可以精确控制下料的数量。

3. 下料的数量可以由动物触发，也可以由内置的程序控制。

4. 具有对剩料数量的监控能力。

5. 智能化，可以模拟优秀饲养员的喂料方式。

6. 饲喂器定量放液。

7. 定量放液和浸泡饲料。

控制下料是精准饲喂器的前提条件。通过控制下料，控制每次下料的数量，可以减少饲料的浪费。若配备了剩料数量监控设备，则可以基本杜绝饲料的浪费。

若饲喂器能统计、贮存和报告每日的喂料量，则可以为用户提供十分有用的生产管理信息。当精准饲喂器的喂料模式可以训练动物增加采食量，分析和观察动物不正常的采食行为，或具有模拟优秀饲养员的喂料经验，我们可以把这样的饲喂器称为智能饲喂器了。

目前的精准喂料器多配有定量放液功能，这样动物可以采食到“潮拌料”。潮拌料非常有利于减少饲料粉尘。但在提高饲料消化率方面，浸泡料是很好的选择。

此外，现有的精准饲喂器多数按自由采食原理设计。设备下料的触发是通过动物触碰一传感器来实现。由于本质上是自由采食，如前所述，这种方式无法实行分餐饲喂，很难实现浸泡料饲喂，也无法实现精细的诱导饲喂程序。同时，这种饲喂器在技术上也很难进化成为智能饲喂器。

图 2-1 是笔者依据理想精准饲喂器要求设计的一款 Alphapig 云精准饲喂器模型（实物图见附件）。

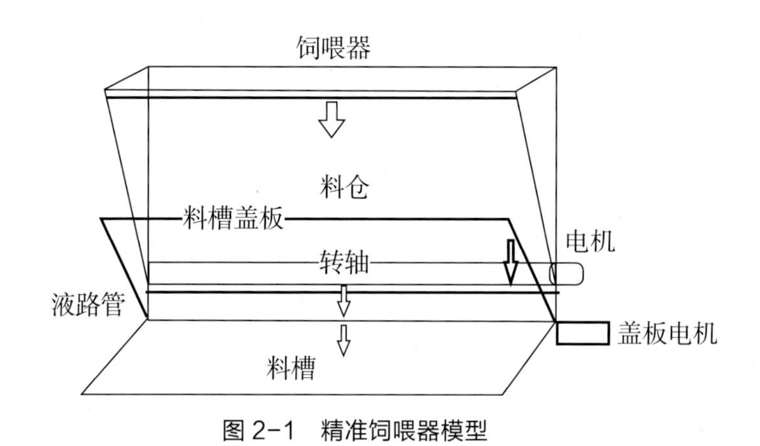

图 2-1 精准饲喂器模型

该精准饲喂器的下料由设置在料槽和料仓间的一个转轴及伺服电机控制。转轴上有一凹槽，转动一次，可以下固定数量的饲料。凹槽的体积约 150 毫升，若饲料的比重为每毫升 0.65 克，每次下料量为 100 克。伺服电机的转动由计算机软件系统控制。饲喂器下料的数量由软件系统设定，或用户设定。由于饲喂器上装有能监测料槽剩料的摄像头，软件系统可以获知剩料信息，并自动调整次日的喂料计划。

软件系统已预设了喂料数据，并通过摄像监控系统获知料仓剩料信息来调整喂料量，从而实现了自动喂料。系统会记录每日或每餐的实际喂料量，并统计整栋和各栋的喂料数据。数据可以表格的形式打印输出，这样用户可以每日得到动物的采食量信息。

目前还没有进行喂料软件系统的智能化设计，如实施精细的诱导饲喂程序来增加动物采食量，或者通过向优秀饲养员的喂养经验学习，形成一系列的规则和人工智能算法，从而实现机器的智能饲养。

精准饲喂器有两个长度规格。一种长度为 40 厘米，可贮存 40 千克饲料，可喂养一头种猪；另一种长度为 150 厘米，可贮存 80 千克饲料，可喂养 10 个商品猪或 100~200 只商品肉鸡。

该饲喂器配有定量放液管，可以在任何时候启动为料槽加水或其他液体。在料槽上方配有电机控制的料槽盖。系统可在下餐喂料前，预先按设定的量放料放水，并盖上料槽盖。浸泡 3~5 个小时后，自动开盖喂料。

在实际饲养中，由于每栋养殖室需要放置数十个，甚至数百个精准饲喂器，设备的布线和系统可靠性会下降，系统专门设计了轨道行走精准饲喂器（图 2-2）。

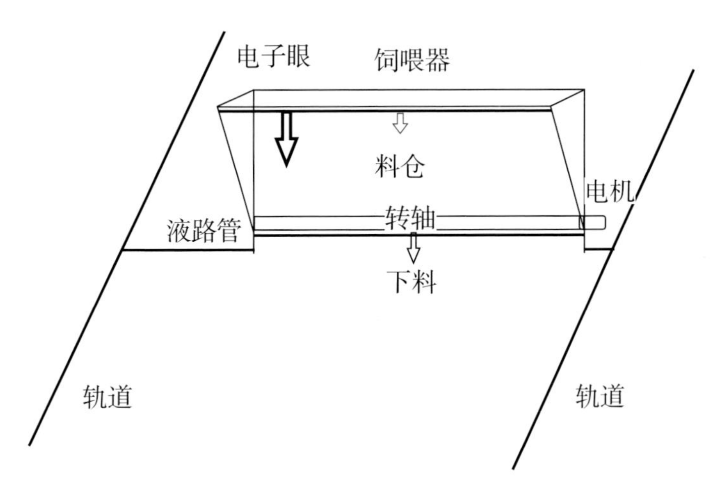

图 2-2 轨道行走精准饲喂器

为配合系统的运行，需要在动物上方设置轨道，并在轨道的固定位置下方放置喂料槽。

行走精准饲喂器将按系统设定的程序，首先定位到相应的喂料槽，然后定量下料。不过，放液管和料槽盖则设计在喂料槽上。

同样地，行走精准饲喂器上配置由料槽剩料监控系统。计算机软件系统在获知剩料信息后，会自动调整次日的喂料量。

按理想精准饲喂器要求设计的 Alphapig 精准饲喂器，可以实现以下功能。

1. 控制喂料。
2. 精准喂料。
3. 自动精准喂料。
4. 数据记录和报告。
5. 水和液体投放。
6. 分餐饲喂。
7. 浸泡料饲喂。
8. 大规模现场使用。
9. 用于猪或家禽饲养。
10. 未来发展的方向是智能饲喂。

推广和应用 Alphapig 精准饲喂器，可以让我们具备主动干预动物喂料的能力，升级传统的自由采食模式，实现多方面的知识、技术应用，促进动物喂养方式的变革和效益的提升。

三、计算机控制系统

精准饲喂器的控制能力来自控制器及内置的软件系统。由于需求不同，精准饲喂器喂料的控制方式有以下几种：

1. 定时器控制

目前的定时器均配有微型时间控制器，可以设置多时段的启动时间，持续时间。例如，对于商品猪，可以设定 3 个时段的喂料（早上 7:00，中午 12:30，下午 6:30），每个时段设持续时间。持续时间则由每个时段的喂料量和机器单位时间的下料量来确定。

用户首先确定次日的喂料量，如每头猪 2000 克，分 3 餐饲喂，每餐为 600 克、600 克和 800 克。若机器每秒的下料量为 15 克，第一时段机器的运行时间为40秒，第二时段为40秒，第三时段为53秒。

尽管用户需要每日计算和输入运行秒数，并根据剩料量调整每日总喂料数据，由于控制简单，价格便宜，该控制方式对于小型养殖场来说是特别合适的。

定时器方式不适用于轨道行走精准饲喂器喂料方式。

2. PLC可编程控制器控制

PLC可编程控制器用于设备的自动控制，应用十分广泛。各种类型的机器人、自动生产线等，均通过PLC可编程控制器来控制操作和运行。

PLC控制器有成熟的编程语言，但需要专业人员来编程。Alphapig云系统专门设计了一套由北京表格公司提供的PLC控制器表格系统，用户可以直接修改PLC控制器的喂料计划数据。

使用表格系统不需要会编程语言，也不需要专门的计算机知识。用户在电脑上装上表格系统软件后，可以随意、方便地修改次日各饲喂器的喂料计划，也可以在当日随意修改各饲喂器各时段的喂料量。

每个表格控制器可以控制数十个饲喂器，因此，中型或大型养殖场均可以使用该控制器来控制精准饲喂器。按单个精准饲喂器计算，表格控制器的投资成本低于定时器。

3. 计算机控制系统

采用定时器和PLC控制器方式方便实用，但最大的不足是数据管理、数据分析和智能演化。

采用以Jawa语言或C语言设计的计算机软件系统，可以实现以下功能：

第一，方便的数据修改：用户可以通过屏幕界面方便地修改各喂料器的喂料数据。

第二，方便的数据管理：系统会记录每日的喂料数据，分析统计数据，并打印喂料报告，十分有利于养殖公司的生产管理。

第三，对于大型喂料系统，软件系统会记录系统每一步的运行状态，如停电、机器故障和其他不测情况造成系统运行停止或异常。

第四，可以控制数百、数千台设备，并实行数据的集中管理。

第五，采用物联网模式，可以远程数据共享或实施远程控制。

精准饲喂的计算机管理系统可以大幅度提高养殖公司的管理水平、异常事件的反应速度和养殖效益，应是精准饲喂技术的重点发展方向。

种猪饲喂站采用射频芯片信息识别交换技术，近些年来得到一定的应用。该系统是计算机控制饲喂的一个成功应用范例。但笔者认为，用户可以采用 Alphapig 云精准饲喂器系统也可以方便地实现母猪饲喂的精准化，提高母猪的繁殖水平。由于 Alphapig 云精准饲喂器系统的配置既可以服务一头母猪，也可以服务上万头母猪，且基本不需要改变现有养殖室结构，因而可以方便、廉价地嵌入现有母猪生产系统中。

四、营养学数据

解决了精准饲喂，就可以重新思考营养学研究结果及相关数据如何更好地为养殖生产服务。

对于养殖生产，目前普遍的误区是畜产品价格最重要，营养和饲料技术的进步可以放一放。原因是多方面的。一方面，现实情况下国内畜产品供需周期性变化突出，价格大起大落，价格变化产生的利差值远远超过饲料或饲养技术改变带来的收益；另一方面，养殖场也缺乏高水平的营养和饲料技术人员，不能有效接受和转化营养和养殖技术的先进成果。

人的缺乏不容易解决，但精准饲喂系统的使用则为先进技术的应用创造了条件。

为此，笔者提出以下一些应用的思路。

（1）在使用精准饲喂器的前提下，设计和制定更加精准的营养需要量数据，从而最大限度地发挥动物的生产性能，最大限度地减少营养素的浪费。

（2）重新评估现有的能量、蛋白质水平和生产性能的关系数据，更好地得到“吃多少，能得到多少，是什么质量”的可靠数据，从而可以更科学地指导生产实践。

（3）对于大型养殖公司，需要自行建立评估系统。以当代营养学研究成果为基本依据，在精准饲喂系统的基础上，结合其他技术，如超声波测膘技术，地磅自动称重系统技术，提出和验证多种喂养方案的生产效果。如分餐饲喂、精细的诱导饲喂程序、优秀饲养员喂养经验智能化等。

（4）重新评估钙、磷、食盐、维生素和微量元素的需要量。由于喂料精确，采食到体内的这些营养素数量也基本确定。若有准确的需要量数据，即可以真正实施需要多少，给多少。这样可以最大限度地减少多余营养素的排放，可以更容易地处理粪尿排泄物，更好地保护环境，实现养殖业绿色可持续发展。

（5）最后，应大力开发多种多样用户友好的软件系统、专家系统和智能系统，消除，或者说跨越技术鸿沟，让养殖生产者能及时利用先进的理论成果和技术成果，提高其生产效率和效益，增加抗风险的能力。

五、重点应用方向

1. 种猪

种猪生产性能的高低直接影响猪场的经济效益。合理的饲料供给，可以在保障正常繁殖需要的同时，避免体重的过瘦或过肥。精准饲喂器结合相应的软件系统，可以在种猪生产领域发挥重要的作用。

近些年得到推广应用的种猪饲喂站，是精准饲喂技术应用的成功范例。不过由于饲喂站存在对现有养殖室的改造，投资成本过大的缺点，笔者认为 Alphapig 云母猪专用精准饲喂系统也可以有效地帮助养猪场控制母猪的喂料。

Alphapig 云母猪专用精准喂料系统内存有一套按母猪生产阶段、体况与喂料量关系的数据库，用户可以调用该数据库，作为系统的推荐值来饲喂母猪，同时也可以根据实际情况进行调整。

更进一步，系统也提供云服务。用户在使用 Alphapig 云母猪精准饲喂系统过程中，系统会自动将母猪的体况拍照发送到云中心。云中心的大数据计算系统会自动评估母猪的体况，并将结果传回猪场系统。猪场系统将根据接收到的评估信息来调整喂料计划。该系统的应用可以有力改善中小养殖企业的母猪管理水平。大型养殖公司也可以利用该系统实施更有效的监督管理（图 2–3）。

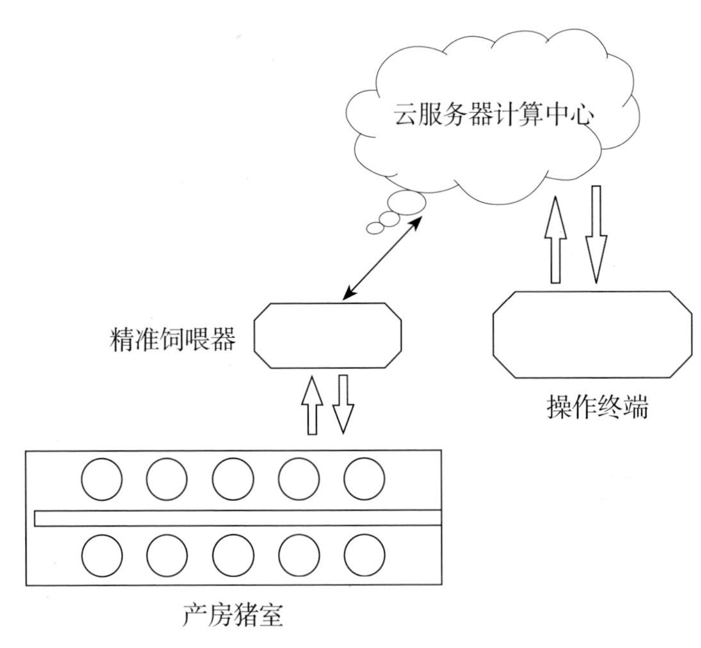

图 2–3 母猪精准喂料系统

2. 商品猪生产性能评定和最佳出栏时间测算

关于“什么时候卖猪划算？”，是一个业内老生常谈的话题。大致估计容易，精确获得很难。

看看下列公式：

效益 R = 增重收益 – 总支出，其中

增重收益：日增重 Wz × 日毛猪价格 Pz

饲料支出：日投料量 Wf × 日饲料价格 Pf

总支出：饲料支出除以饲料成本占总成本比 C

数学公式表示如下：$R=Wz \times Pz - Wf \times Pf/C$

例如：若 Pz（元 / 千克）=16，Wz（千克）=0.75，Pf（元 / 千克）=3.0，Wf（千克）=3.0，C=0.75

$R=0.75 \times 16-3.0 \times 3.0/0.75=12-9.0/0.75=12-12=0$，表示盈利为零，没有效益。

若是知道 Wz、Pz、Wf、Pf 和 C，计算 R 值并不难，也可以得到最佳出栏时间，即 R 值为 0 的时间，若 R 值为负，表示养殖赔钱。

实际生产中，Pz、Pf 较为确定，C 值也可以根据历史数据计算得到，但 Wz 和 Wf 不易确定。

笔者 1990 年博士毕业到中国农业科学院畜牧研究所工作，申请的国家自然科学基金项目是关于产蛋鸡专家饲养系统的研制，系统的难点是得到每日的采食量和产蛋率数据。随后也曾探索过建立商品猪日增重估测方程，也终因需要考虑的因子太多而作罢。每日增重值，在商品猪生长后期，不仅与品种、饲料、饲养环境和采食量有关，还与商品猪生长期的自身生长状况有关。例如，早期生长好的猪，后期生长也会正常；但若在某个生长阶段发生过生长异常，到后期会产生几种情形，一种是加快生长，另一种可能为生长变慢。

由此可见，准确得到商品猪后期日增重数据十分困难。此外，在现行的自由采食饲养模式下，每日的采食量值也难以准确估测。

无法得到精确的 Wz 和 Wf，就无法得到 R 值，也无法得到最佳出栏时间。

后期一头猪的日饲料采食量达到 3 千克左右，若在 R 值为负的情况下继续饲养，就会产生养殖赔钱的情况，每年出栏 1 万头猪的养殖场，若因在 R 值为负的情况下继续饲养产生赔钱的金额为 20 元（约 7 千克

饲料），一年的损失将达到 20 万元左右。

笔者的建议是建立现场使用的 Alphapig 云商品猪精准投料和精准称重系统。有了这一系统，可精确计算 R 值，古老的难题也迎刃而解。

若能获得商品猪每日的采食量和增重数据，猪场、育种公司或研究人员可以十分方便地评价各种饲喂方案或技术措施的效果。这一点对于猪场的生产监控尤其重要。在每一栋商品猪室，选择 1–2 栏配置该系统，可以每日获取采食信息和增重信息，这样可以及时发现饲料的异常情况，及时采取措施。同时也可以通过比较历史数据，得到同期饲料原料、配方和添加剂等的饲喂效果信息。

笔者认为，科学饲养和效益的提高，不是凭空想象出来的，而是通过细致点滴的改进获得的。

该系统由以下子系统构成：

饲料精确投饲子系统，可以实现喂料的精确控制，并通过系统软件实现随时随地对猪群的投料数据进行检索、设定、修改和监测。

系统具体功能和应用如下。

（1）实现精确投料，精确记录日采食量。

（2）精确测定和记录生长育肥猪的采食量。

（3）通过合理增加日投料量，训练和提高生长育肥猪的采食量，从而提高猪的生产性能。

（4）通过比较实际采食量和系统提供的各猪群的日采食量建议值的差异，可以评价猪场猪群的生产状况和饲料质量。

（5）系统投料数据和实际剩料数据均可通过联网修改，管理员或厂长可以在任何有网络的地点了解、获取、设定和修改各猪群的投料量和投料次数及数量。

（6）系统输出的每日、每周、每月和一年的各猪群的饲料消耗量，可以为猪场及时了解、监视猪群的生产状况，以及相应管理措施的调整提供可靠的数据信息。

（7）育种公司和种猪场可以利用该系统监测其品种的生产性能表

现状况和各生产场的经营状况。

（8）猪场采用该系统可以评价不同饲料配方的养殖效果。

液体精准输送投放

在养猪生产过程中，液体投放是一个很重要的饲养环节。Alpha猪智能高效饲养系统通过其专有的液路系统，可以在猪采食的同时，为每栏猪定量输送液体，使投送的液体随饲料一起采食，精准有效。

自动称重子系统

该称重器子系统由地板、地磅、电子眼、数据通信等单元构成。可自动完成栏内猪的称重和数据传输。

报告系统

系统将显示每日的投料量、饲料价格，饲料成本支出、总成本支出；每日增重、毛重价格和增重收益，并计算出当日的养殖收益。系统贮存每日的数据，用户可以检索、查看和打印数据。

该系统若结合超声波背膘测定结果，可以为制订最佳瘦肉率的饲喂方案提供科学依据，避免育肥后期商品猪过多的脂肪沉积。

3. 肉鸡、肉鸭饲养

精准饲喂也可以很好地应用于肉鸡、肉鸭饲养（图2-4）。

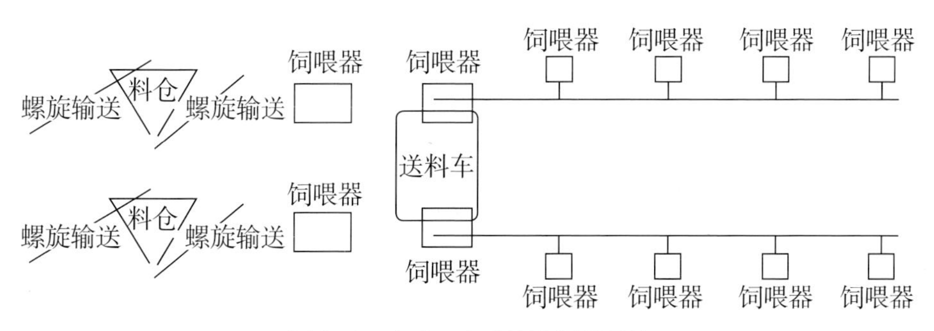

图2-4 肉鸡、肉鸭精准饲喂系统

首先，精准饲喂通过程序化的下料，在满足肉鸡、肉鸭采食的前提下，可以有效避免饲料的浪费。

其次，精准饲喂系统可以大大减轻肉鸡、肉鸭饲养者的喂料劳动时间，让他们有更多的精力和时间用在生产管理上。

最后，采用精准饲喂系统，在肉鸡、三黄鸡或肉鸭饲养后期，可以适当调整喂料量，以控制胴体过多的脂肪沉积。

第三篇

养殖室——液体纳米雾化系统

国内养猪有这样一个普遍趋势：北方地区（可以泛指淮河以北地区）的母猪繁殖性能一直低于长江流域地区，而华南地区似乎更高一些。从产业分布的条件看，国内的东北地区及华北地区，盛产玉米，可以大力发展养猪业。但母猪较低的繁殖性能则会影响这一产业分布趋势。大致来看，南北方的差异主要表现在气候的差异，即温度和湿度，以及由此产生的室内空气质量的差异，如二氧化碳浓度，氨气浓度，还有甲烷浓度。笔者也因此认为，气候因子是造成母猪繁殖性能差异的主因，而室内的空气湿度，还有空气中的有害气体浓度，可能是最主要的影响因子。

笔者将液体纳米雾化技术单立一篇，除了以下将叙述纳米雾化技术的优越性外，主要是提出以下设想：纳米雾化用于母猪室增湿，并结合内循环系统，是否能提高北方地区母猪繁殖性能偏低的问题。若假设成立，纳米雾化技术也不枉为它单独立篇了。

接下来言归正传。

雾化是养殖场常用的消毒手段，也经常用于夏季喷雾降温。笔者1998年曾参与管理过一个猪场，每当看到职工每日早上定时为各栋猪室或猪室周边区域用肩背喷雾器消毒时，常常会发出“这有用吗？”的疑问，生产场长的回答是，这是惯例。全北京的猪场都这么做。我想，或许，全中国，或全世界的猪场都是这么做的。

笔者无意去否定喷雾消毒。不过一直心存疑虑。随后，家里用上了超声波纳米雾化器，在医院用纳米雾化器雾化药物治疗我的过敏性鼻炎，我忽然觉得：养殖场的喷雾，若用纳米雾化，消毒的效率和效果肯定要提高数百倍甚至数千倍。

这里的科学原理是清楚的。喷雾要获得好的效果，其前提条件是液体雾滴与空气中的粉尘颗粒能更多地碰撞或黏合在一起。由于养殖室内的病原微生物、病毒几乎都是与粉尘颗粒结合在一起，因此，雾滴越多，空气中的粉尘被结合的比例就越高，结合在粉尘上的微生物、病毒被杀死的比例也越高，自然，消毒效果也越好。

据查，即使是特别高效的雾化器，雾滴的直径也在微米级，而纳米雾化器的雾滴直径为纳米级。一微米为1000纳米，两者相差一千倍。若把雾滴假定为球形，从最低的相差倍数计算，雾化器产生的1微米的雾滴，再用纳米雾化器雾化，可以变为$10^3 \times 10^3 \times 10^3=10^9$，即10亿滴。由此可见纳米雾化器对液体的超高效颗粒分散效率。若养殖室的消毒液用纳米雾化器雾化，消毒效果必将指数级成倍提高，消毒液的使用量也会成倍下降。

另外，球形表面积的计算公式为 πD^2，因此，直径一微米的球形颗粒的表面积是直径1纳米的1000倍。一微米球形雾滴，经纳米雾化后，其表面积增加了 $10^9/1000=10^6$，即100万倍。这个数值对于雾化降温，意义特别重大。

水分在由液体变为气体时，会带走液体的部分能量。这部分能量也称作水的汽化热。在一个标准大气压下，每千克的汽化热约为540千卡，约10克普通煤的燃烧热值。在20℃下，每立方空气的重量为1.205千克，每升高1℃，需要0.3千卡。若空气的相对湿度为80%，每立方空气含有88克水，升高1℃，需要0.088千卡热量，两者合计需要0.388千卡。因此，每千克的汽化热可以将540/0.388=1391米^{3}的空气下降1℃。一个面积为400米^2，高度为3.5米的养殖室含1400米^{3}空气，空气温度可以被下降1℃。由此可见，若能将液体水在空气中汽化，可以非常显著降低空气的温度。

液体水汽化降温，就是常说的水蒸发降温，常常被用于夏季降温，如养殖室侧墙和端墙安装水帘，室内水喷雾等。虽然汽化降温效率很高，但受以下条件限制：

一是空气的相对湿度和室内气温。由于空气中水汽的含量在一定气温下是恒定值，如20℃下，水的饱和蒸汽压是2310帕，含水量为0.17千克/米^3。当空气的相对湿度为80%时，空气中含水量为0.136千克/米^3，这样每立方的空气只能容纳0.034千克的水汽，1000克的水蒸发，需要1000/34=29米^{3}的空气，当空气相对湿度为90%时，需要290米^3

的空气。但由于蒸发降温，随着空气温度的下降，空气中的饱和水气压也下降，能容纳的水汽量也随之下降。

因此，蒸发降温的效果是：室内空气湿度越小，温度越高，效果越好。当湿度大于90%，温度低于25℃，蒸发降温的效率会变得很差。

二是汽化速率。汽化速率与面积的关系可表示为以下等式：

$$WQ=(Ap)\times K$$

式中，Wq：水的蒸发速度千克/小时

Ap：蒸发面积

K：蒸发系数，与温度、湿度、空气中的蒸汽压有关。

由上述公式可知，蒸发量与蒸发表面积是线性增加关系。增发面积越大，单位时间的汽化量就越高。纳米雾化与常规雾化相比，雾滴的表面积增加了100万倍，因此，在单位时间内，空气中水的汽化量也将提高100万倍。因此，水通过纳米雾化后，由于在空气中的汽化速度指数级提高，其降温效果也显著提高。

对于同一个养殖场，养殖室面积、空间体积和室内温度、湿度等条件一致的情况下，纳米雾化具有更好地蒸发降温效果。

笔者的建议是，在养殖室内应更多地采用纳米雾化降温技术。放弃低效的，某种意义上做无用功的传统的水帘降温、喷雾降温。

同理，采用纳米雾化技术，可以把治疗呼吸道药物的溶液变为纳米雾化微粒弥漫在养殖室内任由动物呼吸。载有药物的液体微粒被动物呼吸后，会被呼吸道黏膜吸收。吸收的药物可以迅速抑制或杀灭寄生的病原微生物。

与传统雾化技术相比，纳米雾化技术可有效应用于：

（1）雾化消毒。

（2）养殖室降温。

（3）呼吸道给药。

笔者设计了一套固定在养殖室墙上或在轨道上行走的纳米雾化器。每小时可以雾化5千克液体，可满足300~500米^{2}养殖室的雾化降温、消毒或呼吸道给药（图 3-1）。

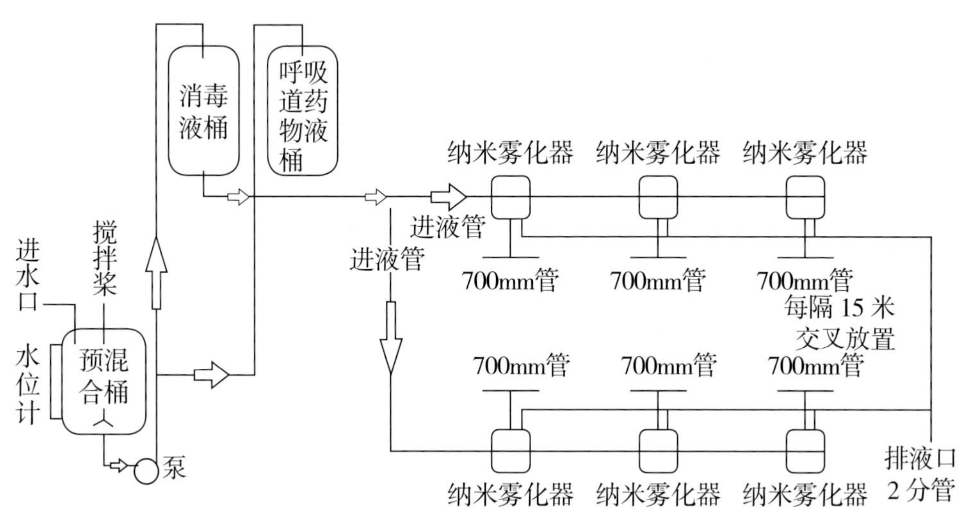

图 3-1 纳米雾化系统

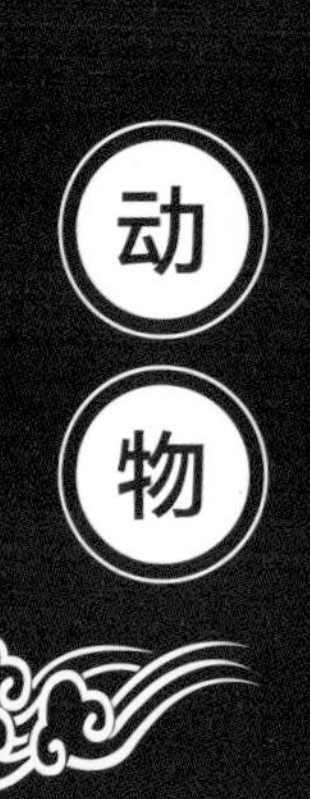

养殖场

——无排放洁净处理工艺污气、污水和固废物

引 言

人们常说，我们和发达国家的差距，除收入外，环境是最主要的。且不说养殖行业是温室气体，如二氧化碳、甲烷的重要或主要的排放者，养殖场对周边环境的空气、水和土壤的污染，也让生活在周边的人们苦不堪言。进入新时代，全社会越来越重视环境保护，一句流行话就是青山绿水也是金山银山。养殖行业的污水和污物排放已日益成为国家环境治理的重点领域。对于养殖企业，若处理不好养殖污水和污物，就无法长久地进行养殖生产。养殖的环保问题已成为养殖企业的生死存亡问题。

目前，有各种处理养殖场动物排泄物和冲洗污水的工艺和技术。如沼气法，有机肥法，微生物发酵法等。这些方法的不足是均存在尾巴问题，如废水排放，或需要处理所谓的可销售的固体物产品，如有机肥等。但带来的烦恼是：废水往往不达标；固体物产品销售费事费力。

笔者虽不是环境治理专家，但也想班门弄斧，提出自己的治理思路。核心思想是开发一系列简单、低成本高效的工艺、设备和技术，将养殖场的废水和固废物“吃干榨尽”。采用内循环系统处理废气，采用膜过滤技术和消毒灭菌技术将废水变为无菌无病毒的干净中水回用。采用热能交换技术，将固废物变为热水用于保暖，变为低温空气用于降温。如此，可彻底解决了养殖场所谓的排放问题。

笔者相信，运用这一先进的理念，以及配套的技术和设备，以Alphapig云命名的这一养殖场废气、废水和固废物洁净无排放处理系统必将为国内养殖业的环境治理作出自己的贡献。笔者也真诚希望与国内同仁的交流合作，共同推进国内环境友好型养殖业的绿色健康发展。

一、内循环废气处理

养殖动物会产生大量污浊的空气。现行的通风系统均是简单地将养殖室内的污气排到室外，进入周边的大气环境中。

排出的污气中，有温室效应的气体，如二氧化碳、甲烷，水汽；令人生厌的各种臭气和氨气；还有微粒粉尘。

臭气、氨气等，容易被人感觉到。但笔者认为，微粒粉尘的危害最大。

笔者这几年因陪伴儿子学习，也经常旅居加拿大温哥华。刚到的时候，感觉土里土气，回北京的时候，感觉浑身干净。其中的奥秘是每时每刻的干净空气浴。前些年，华裔美国驻华大使骆家辉在北京公布自己测定的大气 PM2.5 浓度，国内舆论哗然，好像有损主权。但随后的理性占据主动。毕竟，中华民族是乐意学习的民族。我们现在发现，PM2.5 是最主要的环境污染物。

写一写上面这段文字，是想进一步表明，颗粒污染物是国内最严重的大气污染物。什么时候大气中颗粒物的水平降到和先进国家一致，我们的生活品质就会上升到一个崭新的高度。

从科学的角度说，由于微生物、病毒等几乎都黏附在大气中的颗粒物上，因而国内空气环境的病原微生物和病毒的环境负荷非常高，必然会给人和动物带来经常性的、极大的感染风险，尤其是呼吸道疾病。

自然，养殖场首当其冲。我们一边拼命消毒，一边又大肆外排，这是十分矛盾的处理行为。

工业上废气或尾气处理有特别成熟的工艺和技术。笔者提出的内循环分风系统，结合循环塔水循环处理，可以有效地解决养殖室的污气治理和病原微生物、病毒的散播。养殖室的污气经循环塔水循环吸附和消毒处理后，可以非常洁净地排放到环境中。

二、废液净化中水回用

养殖场的污水来自动物尿液、饮水漏水和冲洗水。另外还有部分生活污水。从数量看，猪场污水要显著多于家禽养殖场。

现行处理污水的方法多种多样，如先放入专门的贮存池，然后喷洒到农地；或者进入沼气池厌氧发酵，再经膜处理后排放；或者直接进入生物处理后排放。

笔者注意到，被排放的废水，仍经常面临周边群众的举报，或当地环保部门的指控。既然如此，何不发展新的工艺，让废水作为中水回用。简单地说，不排放废水。如此可以从根本上解决废水排放的问题。

笔者提出的基本思路是先对固废物进行除臭处理，然后压滤废水，截留废水中95%以上的固形物。截留的固形物被作为固废物留待处理。滤液则经过多级膜过滤。已基本澄清的废水通过电化学等方法处理，除去水中的离子和氨氮等，最后，废水经消毒处理，进入中水贮存池。

养殖场可以用中水贮存池中的水来冲洗地面。

笔者为此也设计和开发了相应的工艺和设备（图4–1）。

三、固体物能源转化利用

对污气和废液进行了环保处理后，接下来需要开发固废物的洁净处理工艺。

运出去肥田，厌氧发酵产沼气，制作有机肥和直接烘干压粒是目前主要的处理方式。同样地，上述方式存在多种遗留问题。另外，处理过程中病原微生物、病毒的散播和臭气熏天也是不容回避的现实问题。

笔者的思路仍然是如何开发洁净处理工艺，从根本上解决掉养殖场的固废物。具体的工艺路线图见下图。

（1）固废物的除臭处理。

（2）固废物的快速固液分离处理。

（3）将固体粉碎并进入多能能量转换器，该转换器可以将固废物除水、加热燃烧和水热交换。

（4）产生的热水可作为保温热源或用于采用溴化锂技术的凉风系统，或直接冷却回用。

（5）处理过程中的废气由循环塔吸收。

（6）转换器燃烧产生的少量灰渣可以场内填埋，或用于肥田。

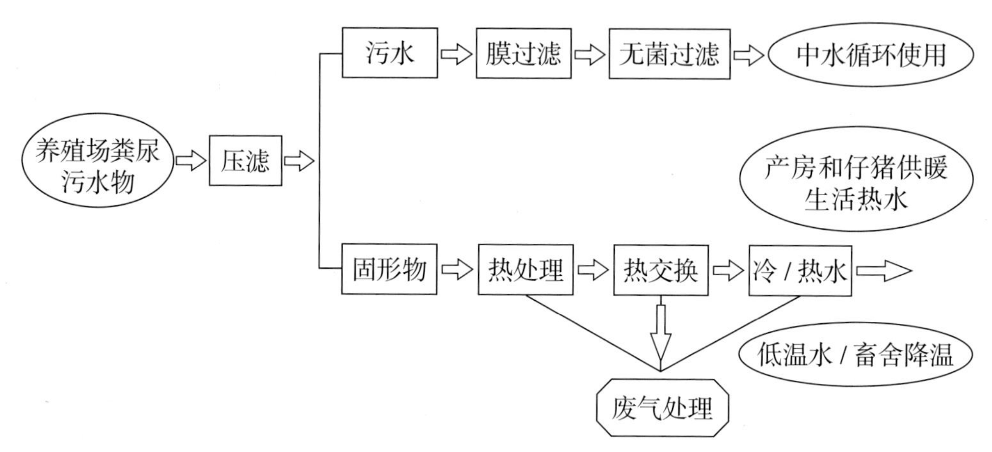

图　畜禽养殖场废弃物洁净环保处理工艺

目前，该系统的中试设备已在研制中。笔者相信，采用上述新思路、新理念的养殖场“三废”处理工艺必将为养殖企业的绿色健康发展作出贡献。

第五篇

养殖——无人照料自动测定系统及其应用

引　言

无人照料的自动测定设备，广义讲，是属于现在时髦的机器人领域范畴。按此推论，精准饲喂系统也属于机器人领域的产品。

作为传统的养殖业，去攀机器人的亲，似乎有点好高骛远。

养猪养鸡，是老头、老太太的事情。情况好像就是这样。只是随着生活水平的提高，畜产品需求的增加，养殖业仍然需要发展，而从事饲养的人，却变得越来越短缺。

养殖业现在处在人员青黄不接的时代。老的一代快干不动了，新的一代不愿意去干。因此，用现代的机器人技术来实施养殖自动化，无人化，将成为必然的趋势。

在精准饲喂的技术发展中，笔者也进行了与养殖业相关的无人检测设备的研制，想法类同于无人驾驶。

无人检测设备，也称全自动检测设备，就是不需要人的参与，机器就能自动完成检测，计算并储存数据，也可以通过互联网传送给相关人员。

研制无人检测设备，需要多方面的专业技术人员协同攻关。如机械、电气、计算机软件、化学分析和应用领域的技术人员。自然，少不了一个总设计师。

本篇将介绍饲料中性洗涤纤维的全自动测定系统。目前该设备已研制成功。正在进行调试和结果验证。

选择中性洗涤纤维这一指标，主要理由是，通过对它的测定，可以获知多方面的饲料营养信息。例如，测定玉米的中性洗涤纤维含量，可以了解饲料有效能值的变化；测定单胃动物粪便的中性洗涤纤维值，可以间接获知动物饲料消化率的状况；测定反刍动物饲料的中性洗涤纤维含量，可以更好地满足反刍动物对纤维的需求；测定苜蓿和干草的中性洗涤纤维含量，可以对它们进行评级；最后，测定青贮玉米的中性洗涤纤维含量，可以更好地实施农业部关于青贮玉米的质量分级标准。

笔者认为，这一设备是国内畜牧养殖业首套全自动测定系统，应具有初创意义。据专利检索，在国际上也未发现有同类的中性洗涤纤维全自动测定仪。从技术和历史角度看，这是一件有意义的事情。在笔者1981年考入浙江农业大学读畜牧专业时，实验室除了瓶瓶罐罐外，甚至未见到有手动的检测设备。1985年进入中国农业大学读动物营养研究生，在戎易教授的实验室，使用了纤维测定仪，蛋白质测定仪等测定设备，但这些设备是从国外进口的。事实上，即使到现在，我们常用的自动测定设备也是进口多，国产少。

笔者并不是仪器研制科班出生，但还是在目前智能化、机器人化的浪潮下，学习和利用相关的技术，研制完成了国际上首套全自动饲料中性洗涤纤维测定仪。不仅如此，也设计研制了配套的应用系统。这些系统将在随后篇幅中有详细的介绍。

事实上，在动物养殖生产中，有必要研制多种自动化的测定设备，如无人照看的全自动蛋白测定仪、钙测定仪、磷测定仪、食盐测定仪，霉菌毒素检测仪等；若能研制一套病原微生物和病毒的全自动鉴定仪，也将是一项非常有意义的成果。

随着养殖场规模的扩大，自行配料非常普遍。但由于专业化验人员的缺乏，养殖场饲料质量的把关始终是一个盲点。无人照料的全自动检测设备可以很好地消除这一盲点，为养殖场及时发现饲料质量问题，实施补救措施创造了条件。

现有的设备需要更新、完善，推广，笔者也希望能继续研制新的相关设备，为养殖行业的无人照料全自动检测设备的发展做出贡献。

一、无人照料全自动饲料中性洗涤纤维测定仪

饲料中性洗涤纤维（NDF）是Van Soest等为评价牧草的质量发展

起来的一个测定方法。现已被世界各国接受。国内也发布了该方法的国家标准。标准编号为：GB/T 20806–2006。

中性洗涤纤维的内涵是，饲料经中性洗涤剂在微沸下蒸煮约 60 分钟，可以将饲料中的蛋白质、淀粉、脂肪和其他易溶性的成分浸出，蒸煮液经抽滤和热水洗涤后，残渣部分代表了饲料中的纤维素、半纤维素、木质素和其他未被洗出，且残留下来的成分。主要的成分是纤维素、半纤维素和木质素。饲料原料中的泥沙若颗粒大于 250 目，也会成为残渣。

实验室测定 NDF 的含量，需要样品准备、称量、中性洗涤剂溶液的配制、微沸装置的准备，样品蒸煮，抽滤，滤渣烘干称重，结果计算等步骤。

机器测定，也是按上述步骤来进行。只是需要设计相应的机械装置，并编制软件控制系统，自动来完成这些步骤（图 5–1）。

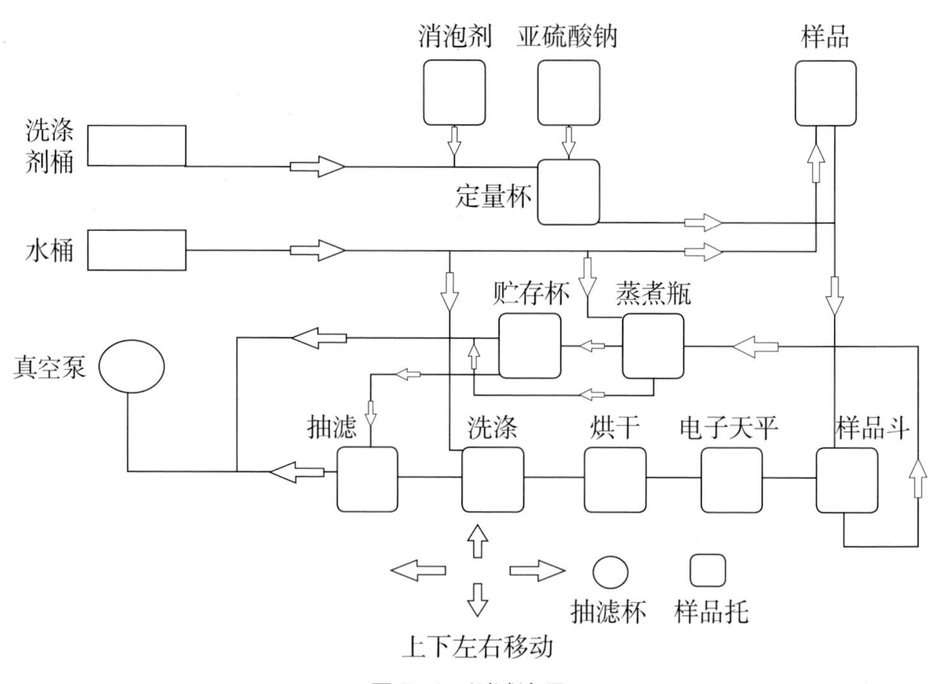

图 5–1　测试流程

测定系统的试剂、仪器和子系统组成：

（1）试剂：中性洗涤剂、消泡剂、亚硫酸钠、二缩三乙二醇、淀粉酶。

（2）机械移动系统：上下移动和左右移动（图 5-2）。

（3）称重系统：0.1 毫克的分析天平，称重托。

（4）加热系统：加热洗涤水，中性洗涤剂，样品烘干油浴锅，蒸煮油浴锅。

（5）样品转移系统：样品杯、样品管、机械开关阀。

（6）蒸煮系统：样品抽滤、加液和蒸煮。

（7）抽滤系统：样液贮存杯、抽滤瓶、管道及控制阀。

（8）烘干系统：烘干杯、烘干杯盖子。

（9）真空系统：真空泵、管道、阀门。

（10）PLC 控制器：协调和执行各系统工作。

（11）计算和显示系统：采用触摸屏控制系统工作，并计算和显示测定结果。

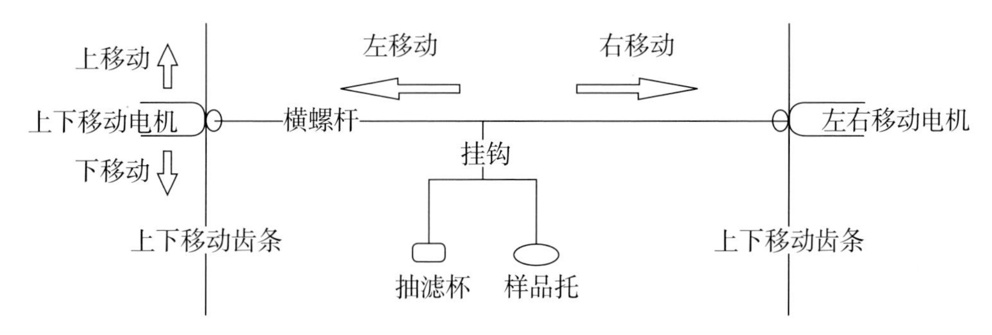

图 5-2　样品托和抽滤杯上下、左右移动装置

系统工作流程：

（1）初始化、开启加热系统、开启清洗程序。

（2）样品托和抽滤杯称重。

（3）自动取样。

（4）烘干样品、称重。

（5）转移样品和试剂到蒸煮瓶。

（6）蒸煮。

（7）转移蒸煮液到抽滤瓶。

（8）蒸煮液抽滤。

（9）滤渣烘干、称重。

（10）结果计算、显示。

系统界面操作步骤

注意：每次测定前，先关闭电源，再打开电源。每次测定结束，关闭系统电源。

（1）检查 1 号、2 号、3 号、4 号试剂是否缺液，若是，适量加入。

（2）打开设备电源，系统发出蜂鸣声。

（3）进入触摸屏主画面。

（4）进入测试主画面，显示：先放入测试样品，然后按开始键。

（5）用专用勺子取样（0.5 克左右），放入投样口。

（6）按开始键，并按确认键。

（7）蜂鸣声停止，系统开始检测。

（8）约 7 个小时，测定结束，系统显示消化率测定值，并进行评估。

当开始检测时，由于没有用户数据，系统采用自定的值对所测值进行评估；当用户测定值达到 10 个以后，系统将提供以用户数据为依据的评估值。

（9）关闭设备电源。

停止测定

（1）当系统发现测试过程中系统行为异常，将停止测试。用户可以重新打开电源，进入上述 2 的测定步骤。

（2）当用户发现系统行为异常或希望终止系统测定，可以直接按停止键。

手动清洗

当几天或长时间不用系统，需要按手动清洗键，清洗系统。

样品的准备（以猪粪样制备为例）

（1）从猪栏或其他动物养殖地采集粪样约 500 克放入搪瓷盘。

（2）放入烘箱，95~105℃烘干，一般需要过夜。

（3）用 1 号粉碎机粗粉碎，5~8 秒。

（4）用 2 号粉碎机粉碎，过 40 目筛

（5）装入一塑料瓶或自封袋备用，并注明栋号，栏号和类型

（6）类型由用户自行确定：如 1：小猪 2：中猪 3：大猪 4：母猪

1：小肉鸡 2：中肉鸡 3：大肉鸡

1：种蛋鸡 2：产蛋鸡

试剂的准备

（1）将 1 号试剂加入1 号入口，并打开泵的电源，泵入 1 号试剂贮存桶。

（2）将 2 号试剂加入 2 号入口。

（3）将 3 号试剂加入 3 号入口。

（4）将 4 号试剂加入 4 号入口。

系统保养和维护

（1）检查 1 号、2 号、3 号、4 号试剂是否缺液。

（2）其他需要保养和维护的内容，将定期由公司专业技术人员上门服务。

检测试剂

（1）1 号试剂为专用淀粉酶、蛋白酶及洗涤剂。

（2）2 号试剂为亚硫酸钠。

（3）3 号试剂为专用消泡剂。

（4）4 号试剂为二缩三乙二醇。

二、基于动物粪便 NDF 的动物消化率测定系统

1. 引言

饲料消化率与饲料质量、动物健康状况密切相关。饲料或饲料原料中的霉菌毒素、玉米粉碎细度、大豆粕的生熟度，动物机体及消化道的细菌、病毒感染，外来毒素对消化道黏膜细胞的毒害作用，环境改变对消化的不利影响，以及多种因素引起的消化混乱，均对饲料的消化吸收产生不利影响，从而引起饲料消化率的降低。

饲料消化率的下降，意味着饲料转化率和动物生长速度或其他生产性能的下降，直接导致养殖成本的增加，效益的下降。据估计，一个万头猪场一年因饲料霉变、管理不善等原因引起消化率下降造成的损失相当于饲料成本的 2%~3%，有 30 万 ~50 万元。

了解动物饲料消化状况，及时发现异常消化情况，将十分有利于高效、安全养殖生产，也是养殖企业管理人员最为核心的日常生产管理项目。

在测定动物粪便中残留的淀粉、蛋白质等可溶性成分含量的基础上，通过建立所测含量值与动物饲料实际消化率之间的回归关系，可以间接评定饲料的消化率。

仪器内置的软件系统，可以根据每次测定数据，采用生物统计方差分析方法，有效估测饲料消化率的变化状况，从而及时报告异常消化率数据。

2. 估测方法

饲料消化率测定是一项烦琐复杂、专业要求很高的工作。需要投入大量的人力物力。尽管如此，获得的数据也会有很大的变异。为此，动物营养专家提出多种体外方法，如胃蛋白酶法，冻干小肠液法。

笔者的看法是，测定消化率，关键是测定条件如何保持一致。

这一要求，实际上适用于所有测定方法。消化率数据变异大，主

要原因就是受试动物的变异性，不同测定单位，或同一测定单位在不同时间测定，无法获得一致性的动物条件。体外酶法在一致性上好一些，但与体内的实际消化率关系，以及每次需要标定酶活，估测结果也存在很大差异。

既然存在这些不确定性，且难以克服，对于饲料消化率的测定，笔者提出标准模型思路。

这一思路的基本点是：

首先确定每种原料的标准消化率值。对于以玉米和豆粕为原料的配合饲料，笔者设定为 90%。

其次，找出一个与消化率高低直接关联的指标，确定其关系值。所选定的指标可以精确测定。

最后，采用统计学方法对数据进行筛选评估，计算相应的消化率值。

该标准模型可以用以下方程表达：

$ED_{日期}=A+B\times(D_{日期}/SD_{NDF正常})$

式中 $ED_{日期}$：是某日期所测的消化率值

A：某饲料的标准消化率值，对于玉米豆粕日粮，取值为 90%。

B：消化率校正系数，对偏离正常粪便 NDF 值引起消化率的变化进行修正，玉米豆粕型日粮取值 8。

$D_{日期}$：某测定日期的粪便 NDF 值与所有测定值平均值的差值，D 日期值由以下公式得到：

$D_{日期}=NDF_{日期}-NDF_{均值}$，

式中：

$NDF_{日期}$是某日期测定的粪便 NDF 值。

$NDF_{均值}$是同期饲养的动物及所用的饲料下，所测得的正常 NDF 值的平均值。若某个日期测得的 NDF 值大于由正常 NDF 值计算得到的标准差 SD 值 2 倍以上，该粪便的 NDF 值被认为是不正常 NDF 值，不能参与正常 NDF 值的平均数计算和标准差计算。

$NDF_{均值}=(NDF_{日期1正常}+NDF_{日期2正常}+NDF_{日期3正常}+NDF_{日期4正常}$

$+NDF_{日期5正常}+NDF_{日期6正常}+NDF_{日期7正常}+NDF_{日期8正常}+NDF_{日期9正常}+NDF_{日期10正常}+\cdots+NDF_{日期n正常})/n$，

$SD_{NDF正常}$：是正常 $NDF_{日期正常}$值的标准差，计算公式如下：

$SD_{NDF正常}=(NDF_{日期1正常}-NDF_{均值})^2+(W_{日期2正常}-NDF_{均值})^2+\cdots+(W_{日期n正常}-NDF_{均值})^2)/n-1$ 的平方根

系统提供了标准的 $NDF_{均值}$和 $SD_{NDF正常}$值。但笔者建议该值通过测定现场养殖动物粪便 NDF 值自行确定。一般来时，只要连续测定 1 周，即得到 7 个 $NDF_{日期正常}$值，即可获得稳定可靠的 $NDF_{均值}$和 $SD_{NDF正常}$，进而可以计算某日期粪便 NDF 值下的消化率值，并作出消化状况的评定。

评定标准如下：

若 $NDF_{日期}$大于 $NDF_{均值}$，消化为优；

若 $NDF_{日期}$值小于 $NDF_{均值}$，且差值 $D_{日期}$在一个 $SD_{标准差}$内，消化正常；

若 $NDF_{日期}$值小于 $NDF_{均值}$，且差值 $D_{日期}$大于一个 $SD_{标准差}$，消化不良；

若 $NDF_{日期}$值小于 $NDF_{均值}$，且差值 $D_{日期}$大于 2 个以上 $SD_{标准差}$，消化较差或很差。

注：$SD_{标准差}$值可来自系统值，也可由用户累积测定值计算得到。系统会显示两种结果：按系统 $SD_{标准差}$判定；按用户测定数据 $SD_{标准差}$判定。

Alphapig　饲料消化率测定系统

开始　确认
停止　确认
清洗　确认

选择类号	日期	消化率测定数值	按用户数据评定	按系统数据评定
□ 1	20170320	90	优	正常
□ 2	20170320	80	正常	不良
□ 3	20170320	82	不良	正常
□ 4	20170320	72	较差	差

检索　测定日期　年　月　日　类号选择 □1 □2 □3 □4

ED 日期 ED 日期 ED 日期 ED 日期 ED 日期 ED 日期 ED 日期

SD：同批饲养动物和饲料的粪便 NDF 值的平均偏差。

动物粪便的 NDF 值测定由机器自动完成，系统会自动储存数据，自动剔除非正常 NDF 值（该数据仍然保留，只是不参加平均数和标准差的计算），并计算已测定的正常 NDF 数据的平均数和标准差。

系统会自动根据所测 NDF 计算当日的消化率值，并做出评价。

在计算消化率的公式中，B 值如何确定，是一个值得商榷的问题。$D_{日期}/SD_{NDF正常}$比值的含义是某日期测得的 NDF 值与正常值的偏差率，若为负值，表明动物粪便中蛋白质、淀粉或脂肪类物质含量高于正常消化状况值，偏差越大，越高于正常值。那么，相应的消化率也越低。其比例系数即为 B 值。在本系统中，取值为 8。即当 $D_{日期}/SD_{NDF正常}$比值为-1是，或者说NDF测定值与平均值的偏差值是标准差SD的1倍时，消化率为下降 8 个百分点。正常消化率值为 90%，那么该 NDF 测定值下的消化率为 82%。

笔者是根据理论计算推出 B 值为 8，更合理的数值有待实验进一步验证。

不过，对于消化状况的评判，实际上并不取决于 B 值。而是有 $D_{日期}/SD_{NDF正常}$比值来确定。而 $D_{日期}$和 $SD_{NDF正常}$值是可以精确测定的。因此，本测定系统通过测定 NDF 值来评判动物饲料消化率具有坚实的科学依据，也具有非常好的重现性。

本系统对于消化率的测定，有以下作用：

（1）估测饲料消化率值。

（2）监测和跟踪饲料消化状况。

（3）及时纠正原料霉变、饲料加工等因素引起的消化不良问题。

（4）及时发现因动物疾病引起的饲料消化不良问题。

三、基于玉米 NDF 的玉米消化能和代谢能测定系统

1. 引言

笔者 1985 年在中国农业大学动物科技学院攻读动物营养硕士学位时，印象最深的是指导老师杜伦教授反复强调的关于产蛋鸡配方设计中动物为能而食的基本原则。商品蛋鸡在体重 1.8 千克，产蛋正常情况下，每日的代谢能需要量为 295 千卡，蛋白质 18 克。玉米豆粕型日粮的代谢能为 2650 千卡 / 千克。该日粮的采食量约为 110 克。当玉米豆粕日粮中增加麸皮、棉仁粕等原料后，日粮的能量就会降低到 2550 千卡，采食量也会提高到 115 千卡。这种情况下，日粮的蛋白质含量就应该调低 5% 左右。

事实上，在贯彻动物为能而食这一基本配方设计原则的同时，准确的玉米有效能值是一个更需要关注的数据，也是最困扰配方设计人员的一个数据。原因是，玉米是动物日粮主要的有效能来源，占 60%~80%。玉米有效能值的变化，会显著影响配方设计、配方饲养效果、动物采食量和饲养成本。

美国 NRC 资料中玉米的消化能值为 3451 千卡 / 千克，标准差为 111 千卡 / 千克；法国农业研究院 INRA 资料的玉米消化能值为 3400 千卡 / 千克；中国饲料成分表中玉米的消化能值为 3390 千卡 / 千克。相关的官方出版物关于玉米的猪消化能和家禽代谢能值基本一致，猪消化能为 3450 千卡 / 千克，家禽代谢能为 3250 千卡 / 千克。这应该是配方设计和评判玉米质量的一个基本依据。

但官方出版物的数据是一个平均数，研究报告中得到的玉米样品有效能值，变异也很大，如猪的消化能值，高的可达 3600 千卡 / 千克，低的只有 3250 千卡 / 千克。家禽的代谢能也存在类似的情况。玉米有效能值变化的主要因素包括品种、产地、生长期、气候、杂质量、水分等。例如，在一项采集 100 个玉米样品的研究中，作为影响玉米有效能值主要因素的淀粉含量，一些样品为 53%（干基），另一些样品

达到80%（干基）。玉米有效能构成成分的淀粉、蛋白质和脂肪总量在玉米干物质中所占的比例，高的达到90%，低的只有83%。

不仅如此，由于国内玉米生产品种的多样性、产地气候条件、土壤条件、收获贮存条件，以及杂质数量等的差异，用户实际收购到的玉米质量存在更大的差异。

中国农业大学动物科技学院李德发院士在一次学术报告中，专门提到玉米有效能值测定的重要性。张子仪院士在其早期的研究中，重点课题也是关于饲料原料有效能值的评定。

因此，现场测定所用玉米的有效能值，不仅可以有效监督采购玉米的质量，与供应商实时协商合理的采购价格；还可以及时得到所用玉米实际的有效能值。配方师则可以利用实测数据设计营养更平衡、成本更合理的配方。

2. 估测方法

饲料的有效能值，如同饲料的动物消化率值，均是具有实际生物学意义的数值。同样地，有效能值的测定准确性受实验动物状况的显著影响。因此，笔者也提出了如下标准模型来估测玉米饲料的猪消化能和禽有效能，公式如下（以原样为基础）：

猪消化能：$DE_{样品}=DE_{标准}-DE_{标准}\times(M_{样品}-M_{标准})/100-DE_{标准}\times[(NDF_{样品}-NDF_{标准})/100\times Cd)]$

禽代谢能：$ME_{样品}=ME_{标准}-ME_{标准}\times(M_{样品}-M_{标准})/100-ME_{标准}\times[(NDF_{样品}-NDF_{标准})/100\times Cm)]$

式中：

$DE_{样品}$：被测玉米样品的消化能值

$DE_{标准}$：标准玉米的标准消化能值

$M_{样品}$：样品的水分含量（%）

$M_{标准}$：标准玉米样品的水含量（%）

$NDF_{样品}$：样品玉米的 NDF 含量（%）

$NDF_{标准}$：标准玉米的 NDF 含量（%）

Cd：NDF 变化的百分值引起的消化能变化系数，取值 0.75。其含义是 NDF 经猪消化后，残留率为 75%。

Cm：NDF 变化的百分值引起的代谢能变化系数，取值 0.90。其含义是 NDF 经家禽消化后，残留率为 90%。

$ME_{样品}$：被测玉米样品的消化能值

$ME_{标准}$：标准玉米的标准消化能值

标准玉米的定义为：籽粒饱满，无杂质，水分 86%。其 NDF 值由机器自动测定，并作为标准值。标准玉米的消化能取值 3450 千卡 / 千克；标准玉米的代谢能取值为 3250 千卡 / 千克。

本方法实质上是一个减方法，即通过获取样品 NDF 和标准 NDF 的差值，来修正标准消化能或代谢能值。因此，该法可以准确地区分玉米质量的优劣。

一些研究也发现，不同地区的玉米，由于淀粉结构不同，消化率存在差异。因此，需要建立不同消化率玉米的标准有效能值。在实际生产中，由于本系统是对某标准玉米值的一种修正，用户可以自行建立某标准玉米的数据，同样可以得到准确的样品有效能值。

Cd 值和 Cm 值是笔者根据 NDF 值的消化率数据，结合实际的 NDF 值成分确定的。该数值受多种因素的影响，如动物种类、品种、年龄和 NDF 各成分的比例。家禽的消化道较短，微生物在消化道内的代谢活动弱一些，Cm 值变化较小。猪的情况比较复杂。文献中 NDF 消化率的测定值变异也比较大。具体的数值，仍然需要设计必要的实验来验证，确定。

但 NDF 值的有效能值，对于单胃动物，肯定低于淀粉、蛋白质和脂肪，这是确定无疑的。笔者在此设定 Cd 值为 0.75，也表示 NDF 中有 25% 可以被猪利用；Cm 值取 0.9，也表示 NDF 中有 10% 可以被鸡和鸭等禽类利用。

因此，采用本系统测定玉米的有效能，可获得以下结果：

（1）获得猪的消化能值。

（2）获得家禽的代谢能值。

（3）实时监督所采购和使用玉米的质量状况。

（4）通过获得有效能值，可以和供应商协商采购价格。

（5）配方师可以利用玉米实测有效能值设计营养更平衡、成本更合理的配方。

四、基于苜蓿和干草 NDF 的质量分级系统

1. 引言

目前，苜蓿和牧草是国内反刍动物日粮重要的饲料原料。农业部为此制定了多项质量分级标准。国际上，美国的相对饲料价值 RFV 值，作为苜蓿和牧草的分级标准应用最为普遍。

RFV 的含义是一种牧草作为家畜的唯一能量来源时，该牧草含有的可消化干物质的自由采食量。RFV 的计算公式为：

RFV=DDM × DMI/1.29；式中 DDM（%）=88.9−0.779ADF（%DM），DDM 为干物质消化率，DM 为干物质，ADF 为以干物质为基础的酸性洗涤纤维。

DMI（%BW）=120/NDF（%DM），DMI 为干物质采食量，NDF 为以干物质为基础的中性洗涤纤维。

国际上多采用中性洗涤纤维、酸性洗涤纤维、粗蛋白质作为苜蓿和干草的品质分级指标。鉴于苜蓿和干草的中性洗涤纤维、酸性洗涤纤维和粗蛋白质这 3 个成分具有强相关性，而中性洗涤纤维与酸性洗涤纤维的关联性最为密切，通过测定苜蓿和干草中性洗涤纤维 NDF 含量，可以计算 RFV 值，并对苜蓿和干草进行品质分级。

2. 分级标准和计算方法

利用中性洗涤纤维 NDF 含量测定原理，通过测定苜蓿和干草样品中组成中性洗涤纤维 NDF 成分的半纤维素、纤维素、木质素等的含量，并建立 NDF 和 ADF 之间的回归关系方程，计算出相对饲料价值 RFV 值，按美国苜蓿和牧草 RFV 品质分级标准，评定苜蓿和牧草的品质等级。

特级：RFV 值大于等于 151；

一级：RFV 值大于等于 125，小于 151；

二级：RFV 值大于等于 103，小于 125；

三级：RFV 值大于等于 87，小于 102；

四级：RFV 值大于等于 75，小于 86；

五级：RFV 值小于 75；

计算公式如下：

$DDM=88.9-0.079\times[(NDF_{样品干样}-3.41)/1.13]$

$DMI=120/NDF$

$RFV_{样品干样}=DDM\times DMI/1.29$

式中：

DDM：样品干物质消化率

$NDF_{样品干样}$：以干物质为基础的样品 NDF 值

DMI：样品干物质进食量占动物体重的百分比

$RFV_{样品干样}$：饲料相对价值

采用本测定系统，可以实现以下功能：

（1）测定苜蓿和牧草中性洗涤纤维 NDF。

（2）给出苜蓿和牧草的相对饲料价值 RFV 值。

（3）按美国苜蓿分级标准给出苜蓿质量等级值。

（4）为确定合理苜蓿和牧草采购价提供科学依据。

（5）机器自动完成检测过程。

五、基于青贮玉米 NDF 的品质分级系统

1. 引言

目前，青贮玉米是国内奶牛日粮的主要原料。农业部为此制订了青贮玉米的质量分级标准 GB/T 25882–2010。

国标采用了中性洗涤纤维、酸性洗涤纤维、淀粉和粗蛋白质作为青贮玉米的品质分级指标。鉴于正常青贮玉米的中性洗涤纤维、酸性洗涤纤维、淀粉和粗蛋白质这 4 个成分具有强相关性，而中性洗涤纤维与酸性洗涤纤维、淀粉和粗蛋白的关联性最为密切，通过测定青贮玉米中性洗涤纤维的含量，可以有效地按国标规定的值对青贮玉米进行品质分级。

2. 分级标准

利用中性洗涤纤维 NDF 含量测定原理，通过测定青贮玉米样品中组成中性洗涤纤维成分的半纤维素、纤维素、木质素等的含量，按青贮玉米品质分级国家标准规定的值，评定青贮玉米的品质等级。

一级：中性洗涤纤维含量不高于 45%；

二级：中性洗涤纤维含量不高于 50%；

三级：中性洗涤纤维含量不高于 55%；

等外：中性洗涤纤维含量大于 55%；

采用本测定系统，可以实现以下功能：

（1）测定青贮玉米中性洗涤纤维 NDF 值。

（2）按青贮玉米国标分级标准给出青贮玉米质量等级。

（3）监测青贮玉米质量。

（4）为确定合理青贮玉米采购价提供科学依据。

（5）机器自动完成检测过程。

六、饲料 NDF 测定和基于反刍动物饲料 NDF 值的日粮配方系统

1. 引言

在区分饲料成分对于动物有效性的方法中，Van Soest 等提出的中性洗涤纤维方法具有十分重要的用途。尽管该方法在测定结果的重复性上仍然不能令人完全满意，但其测定结果可以较好区分具有不同营养学意义的两类营养素在饲料中所占的比例。这种比例与饲料品质、饲料成本、饲养效果等密切相关。

两类营养素中的一类是半纤维素、纤维素、木质素和硅酸盐，合计量简称中性洗涤纤维 NDF；另一类是蛋白质、淀粉和脂肪，合计量简称非中性洗涤纤维 NNDF。从饲料的营养学价值看，NNDF 是高价值的，NDF 是低价值的。

因此，测定饲料中的 NDF，可以有效评估配合饲料或饲料原料的品质水平，同时可以对各种饲料原料或配合饲料设定一个最低品质要求的 NDF 值。高于该值，可以认为相应的饲料已达不到最低品质要求。

这种应用在苜蓿等牧草评级、麦麸等小麦加工副产品和玉米加工副产品的品质监控中十分有效。

对于反刍动物，尽管 NNDF 是价值更高的营养素，但 NDF 也是一种必需的营养素。目前反刍动物营养中，已提出用 NDF 作为纤维替代性指标用于日粮配方设计，并列出了具体的 NDF 水平要求。因此，可以建立以 NDF 测定值为基础的反刍动物日粮配方系统。

2. 系统原理和功能

饲料经中性洗涤剂洗涤，可以洗涤分解饲料中的淀粉、蛋白质、脂肪，残留部分为半纤维素、纤维素、木质素和硅酸盐。残留部分即为中性洗涤纤维，简称 NDF。对于单胃动物，NDF 代表了饲料中不可消化的部分，该值的大小，可以反映原料品质水平。对于反刍动物，

NDF则是一种必需成分，一方面可以用以评价饲料原料的品质，另一方面则是设计科学日粮配方的重要参数。

通过测定饲料样品的中性洗涤纤维值，达到：

（1）获得样品的中性洗涤纤维含量值。

（2）通过实测NDF值，可以更好地评估饲料的品质。

（3）监测饲料原料的质量，如苜蓿、麦麸、玉米加工副产物等。

（4）为确定合理的原料采购价提供科学依据。

（5）更科学合理配制和调整反刍动物日粮配方。

第六篇

养殖

——精准饲养展望

一、展望

品种、环境、饲料、疾病防治、环境治理和监控是养殖生产的几个主要环节。品种是基础，其他环节均服务于品种遗传潜力的有效发挥，如何满足社会对畜产品品质的要求和如何实现绿色、可持续发展。管理和统筹这些环节运行的是人。因此，人的参与是养殖生产另一个重要的环节，也是最重要的环节。

精准饲养，从某种意义上说，就是控制饲养，是通过设备和设施，更有效地实施科学饲养和管理，更好地“解放人”。

养殖生产也是经济生产。实施精准饲养，必须要考虑是否能提高养殖企业的经济收益。

因此，精准饲养，应建立在养殖生产的实际需求上，建立在对品种、环境、饲料等养殖环节及其关系的深入了解和研究的基础上。不能为精准而精准，为时髦而时髦。

有时候我们会说，养动物，有经验的饲养员强于专家、教授。论理论，专家教授肯定强于饲养员，但对于具体的养殖动物的需求，饲养员肯定更了解些，他甚至了解每个个体动物的特殊需求。毕竟，动物是活的，是聪明的，也是个性化的。养殖的经验，及经常说的精耕细作，都表明动物生产不是简单的工业流水线生产，而是需要深入研究动物的需求，包括营养、环境、行为和机体代谢等。发达国家甚至提出经济动物养殖生产过程中的福利问题，则是体现了动物人道化的趋势。不过，这有点虚伪。

由此可见，推动精准饲养的动力来自动物养殖科学的发展和精细饲养经验的规则提炼。这里没有捷径，而是需要更确切地了解需求。

因此，对于精准饲养的展望，从内涵看，精准饲养的发展取决于各养殖环节学科的发展、知识和经验的积累，新规律的发现。精准饲养只是养殖生产的一种理念，一种工具。

事实上，动物养殖生产一直在往精准饲养的方向上发展。主要的推动力：一是各养殖科学的发展，成果的应用；二是传感器、自动控制器和计算机网络等各种硬件、软件技术的进步和产品的应用；三是劳动力的短缺和劳动成本的上涨。

目前，世界各国都在推动各生产领域的“互联网 +”，实际是计算机技术应用的普遍化。芯片和计算，无处不在。精准饲养，就是养殖业的“互联网 +”，使芯片和计算，在养殖行业也无处不在。

这是具有广阔应用前景的领域。

动物环境控制，使用芯片加计算，可以实现养殖环境温度、湿度、空气质量、能量交换等的实时调控，使动物在自己需要的环境下生长、生产。

动物喂养控制，使用芯片加计算，可以对饲养动物“和颜悦色”，实现“五星服务”。想吃什么就给什么。装有电子眼的喂料器不仅可以精准投料，而且能“察言观色”“火眼金睛”。会及时发现生产过程中的异常状况，如采食异常、温度异常，并采取相应的措施。

对于疾病的防控，使用芯片加计算，可以协助兽医，实施更好地监测、管控和辅助防治。

生产过程的清理、排泄物的处理，使用芯片加计算，这些工作由养殖场人员在控制室操作完成。

使用芯片加计算，对于大型养殖公司，可以将分散在各地的各养殖单元的生产管理集中到总控室完成。

精准饲养，伴随芯片加计算的应用，会彻底改变动物养殖业的生产面貌，把人解放出来，使动物养殖生产真正成为绿色、高效和可持续发展的产业。

二、传感器、控制器和物联网应用

传感器、自动控制技术和物联网，是开发精准饲养系统需要采用的主要技术手段，传感器犹如人的五官，把监测到的信息发给控制器。

控制器则在预定规则下，经多种逻辑运算，给各种装置发出行动指令。物联网则实现了万物互联，可以通过中央控制室，把分散在多个环节，多个远距离的自动控制器连接在一起，实施统一管理。

1. 传感器

目前，已开发了多种多样的传感器，大致有以下几类。

环境参数类： 温度传感器，露点温度传感器，湿度传感器，太阳辐射传感器，风速传感器，二氧化碳传感器，氨气浓度传感器，空气颗粒传感器。

生理指标类：

植入直肠、阴道、鼓膜、腹部和其他周边部位的温度检测器，可储存和发送数据信息，测定动物体外周温度的传感器，包括植入皮下的异频雷达收发器，放置在翅膀上的表皮无线电发射器，红外热成像传感器。

测定动物呼吸频率的传感设备，如将传感器植入硅胶袋内，测定牛的胸部或腹部周长变化，绑在猪胸部下侧的猪呼吸频率测定传感器，观测奶牛侧部距离变化的激光测距传感器来估测奶牛的呼吸频率。

心跳频率测定，如围在动物胸部的电极传感器测定动物的心率变化，可以储存和无线发送数据。

体重测定：机器视觉估测体重。

超声波背膘测定传感器。

行为传感器：

采食量：猪的电子饲喂站，或肉鸡电子饲喂站

饮水：液体流量计传感器

卧、站立和走动传感设备：步程计，超声波测距仪，3D 加速计传感器

活动和运动：自动图像分析评估动物活动情况

2. 控制器

控制器是具有运算能力和信息接收、处理能力的 PLC 可编程单片机或计算机。控制器具有多路输入和输出端子，输入端可以接收来自传感器或仪表的数字量信息，内置的处理器和软件系统将接收的信息进行计算分析和逻辑分析，并向输出端发出控制指令。输出端连接各种工作设备，如风机、泵、电机等。

控制器在自动化技术应用中居核心位置，是十分成熟规范的信息技术产品。控制器种类繁多，也有大量应用资料，读者可以通过各种途径十分方便获得相关的产品信息和技术信息，因而不在本著作中重复叙述。

3. 物联网应用

若控制器配有互联网接口，控制器的操作指令也可以来自远程的计算机系统。这样，在世界任何一个地方，只要有互联网，均可以对入网的控制器进行操作，从而可以控制运行养殖室的设备系统。目前，以云服务器为中心，用户可以自行建立云服务器或租用云服务器，配备相应的物联网控制器，可以随时随地对控制器和相关联的设备系统进行交互操作。

物联网也称万物互联，是互联网应用的拓展。各种设备连到控制器后，若该控制器配有互联网接入功能，当插上网线，即进入互联网系统。这样，养殖室内各种工作设备也同时地进入了互联网系统。在远程的终端，可以通过登录云服务器或直接进入安装在终端的软件系统，与控制器进行交互操作，实现对养殖室各设备系统的运行控制。

物联网技术，结合精准饲养系统，可以让动物养殖生产在手机 APP 操作下运行。用手机管理养殖生产，手机养猪、养鸡、集蛋、挤奶，这是非常诱人的技术发展。让我们拥抱这一养殖新时代的到来。

主要参考文献

李静玲 . 2012. 室内环境监测与污染控制 [M]. 北京：北京大学出版社 .

刘继军，贾永全. 2008. 畜牧场规划设计 [M]. 北京：中国农业出版社.

美国国家科学院科学研究委员会 .1998. 猪的营养需要（第十一次修订版）[M]. 印遇龙，阳成波，敖志刚等译 . 北京：科学出版社 .

青贮玉米品质分级 . GB/T 25882-2010.

饲料中性洗涤纤维（NDF）的测定 . GB/T 20806-2006.

中华人民共和国住房和城乡建设部 . 2010. 严寒和寒冷地区居住建筑节能设计标准 .

Broiler heat and moisture production under commercial conditions J.J.R.Feddes,J.J.Leonard,and J.B.McQuitty 1984 Can. Agric.Eng. 26:57-64

Modelling heat production and heat loss in growing-finishing pigs Andre J.A.Aarnink,Thuy T.T. Huynh, Paul, Bikker CIGR-AgEng conference Jun. 26-29, Aarhus, Denmark

Rethinking environment control strategy of confined animal housing systems Through precision livestock farming. Sebastien Fournel, Alain N. Rousseau, Benoit

Technical Note:Heat and Moisture Production of W-36 Laying Hens at 24℃ to 27℃ Temperature Conditions. H.Justin Chepete, Hongwei Xin, Luciano B.Mendes, Hong Li 2011. https://lib.dr.iastate.edu Laberge. Biosystems Engineering 155（2017）96-123

附 录

附录主要列出了在应用猪精准饲养系统时，猪营养、饲料、消毒方面的一些资料供用户参考。产蛋鸡、肉鸡、肉鸭等动物的养殖资料，用户可参阅系列相关著作、国家标准。笔者总结猪的数据时，参阅了多种文献资料，并罗列在参考文献一节。若有遗漏的，敬请谅解。

一、常用饲料原料营养成分含量

饲料名称	干物质DM(%)	粗蛋白（%）	粗脂肪（%）	粗纤维（%）	钙(%)	总磷(%)	有效磷（%）	消化能Mcal/kg	代谢能Mcal/kg	赖氨酸（%）	蛋氨酸（%）	胱氨酸（%）	苏氨酸（%）	色氨酸（%）
玉米	86.00	7.80	3.50	1.60	0.02	0.27	0.05	3.39	3.20	0.23	0.18	0.18	0.29	0.06
高粱	86.00	9.00	3.40	1.40	0.13	0.36	0.09	3.15	2.97	0.18	0.17	0.12	0.26	0.08
小麦	88.00	13.40	1.70	1.90	0.17	0.41	0.21	3.39	3.16	0.35	0.21	0.30	0.38	0.15
大麦	87.00	13.00	2.10	2.00	0.04	0.39	0.12	3.24	3.03	0.44	0.14	0.25	0.43	0.16
次粉	87.00	13.60	2.10	2.80	0.08	0.48	0.17	3.21	2.99	0.52	0.16	0.33	0.50	0.18
小麦麸	87.00	14.30	4.00	6.80	0.10	0.93	0.33	2.23	2.07	0.56	0.22	0.31	0.45	0.18
米糠	87.00	12.80	16.50	5.70	0.07	1.43	0.20	3.02	2.82	0.74	0.25	0.19	0.48	0.14
米糠粕	87.00	15.10	2.00	7.50	0.15	1.82	0.25	2.76	2.57	0.72	0.28	0.32	0.57	0.17
全脂大豆	88.00	35.50	18.70	4.60	0.32	0.40	0.10	4.24	3.77	2.20	0.53	0.57	1.43	0.45
大豆饼	89.00	41.80	5.80	4.80	0.31	0.50	0.13	3.44	3.01	2.43	0.60	0.62	1.44	0.64
去皮豆粕	89.00	47.90	1.50	3.30	0.34	0.65	0.24	3.60	3.11	2.99	0.68	0.73	1.85	0.65
大豆粕	89.00	44.20	1.90	5.90	0.33	0.62	0.16	3.37	2.97	2.68	0.62	0.65	1.71	0.57
棉籽饼	88.00	36.30	7.40	12.50	0.21	0.83	0.21	2.37	2.10	1.40	0.41	0.70	1.14	0.39
棉籽粕	90.00	47.00	0.50	10.20	0.25	1.10	0.28	2.25	1.95	2.13	0.65	0.75	1.43	0.57
棉籽粕	90.00	43.50	0.50	10.50	0.28	1.04	0.26	2.31	2.01	1.97	0.58	0.68	1.25	0.51
棉籽蛋白	92.00	51.10	1.00	6.90	0.29	0.89	0.22	2.45	2.13	2.26	0.86	1.04	1.60	0.60
菜籽饼	88.00	35.70	7.40	11.40	0.59	0.96	0.20	2.88	2.56	1.33	0.60	0.82	1.40	0.42
菜籽粕	88.00	38.60	1.40	11.80	0.65	1.02	0.25	2.53	2.23	1.30	0.63	0.87	1.49	0.43
花生仁饼	88.00	44.70	7.20	5.90	0.25	0.53	0.16	3.08	2.68	1.32	0.39	0.38	1.05	0.42
花生仁粕	88.00	47.80	1.40	6.20	0.27	0.56	0.17	2.97	2.56	1.40	0.41	0.40	1.11	0.45

续表

饲料名称	干物质DM(%)	粗蛋白（%）	粗脂肪（%）	粗纤维（%）	钙(%)	总磷(%)	有效磷（%）	消化能Mcal/kg	代谢能Mcal/kg	赖氨酸（%）	蛋氨酸（%）	胱氨酸（%）	苏氨酸（%）	色氨酸（%）
向日葵粕	88.00	36.50	1.00	10.50	0.27	1.13	0.29	2.78	2.46	1.22	0.72	0.62	1.25	0.47
向日葵粕	88.00	33.60	1.00	14.80	0.26	1.03	0.26	2.49	2.22	1.13	0.69	0.50	1.14	0.37
亚麻仁饼	88.00	32.20	7.80	7.80	0.39	0.88	0.22	2.90	2.60	0.73	0.46	0.48	1.00	0.48
亚麻仁粕	88.00	34.80	1.80	8.20	0.42	0.95	0.24	2.37	2.11	1.16	0.55	0.55	1.10	0.70
芝麻饼	92.00	39.20	10.30	7.20	2.24	1.19	0.31	3.20	2.82	0.82	0.82	0.75	1.29	0.49
玉米蛋白粉	90.10	63.50	5.40	1.00	0.07	0.44	0.16	3.60	3.00	1.10	1.60	0.99	2.11	0.36
玉米蛋白粉	91.20	51.30	7.80	2.10	0.06	0.42	0.15	3.73	3.19	0.92	1.14	0.76	1.59	0.31
玉米蛋白粉	89.90	44.30	6.00	1.60	0.12	0.50	0.31	3.59	3.13	0.71	1.04	0.65	1.38	0.29
玉米蛋白饲料	88.00	19.30	7.50	7.80	0.15	0.70	0.17	2.48	2.28	0.63	0.29	0.33	0.68	0.14
玉米胚芽饼	90.00	16.70	9.60	6.30	0.04	0.50	0.15	3.51	3.25	0.70	0.31	0.47	0.64	0.16
玉米胚芽粕	90.00	20.80	2.00	6.50	0.06	0.50	0.15	3.28	3.01	0.75	0.21	0.28	0.68	0.18
DDGS	89.20	27.50	10.10	6.60	0.05	0.71	0.48	3.43	3.10	0.87	0.56	0.57	1.04	0.22
鱼粉	92.40	67.00	8.40	0.20	4.56	2.88	2.88	3.22	2.67	4.97	1.86	0.60	2.74	0.77
鱼粉	90.00	60.20	4.90	0.50	4.04	2.90	2.90	3.00	2.52	4.72	1.64	0.52	2.57	0.70
鱼粉	90.00	53.50	10.00	0.80	5.88	3.20	3.20	3.09	2.63	3.87	1.39	0.49	2.51	0.60
血粉	88.00	82.80	0.40		0.29	0.31	0.29	2.73	2.16	6.67	0.74	0.98	2.86	1.11
羽毛粉	88.00	77.90	2.20	0.70	0.20	0.68	0.61	2.77	2.22	1.65	0.59	2.93	3.51	0.40
肉骨粉	93.00	50.00	8.50	2.80	9.20	4.70	4.37	2.83	2.43	2.60	0.67	0.33	1.63	0.26
肉粉	94.00	54.00	12.00	1.40	7.69	3.88	3.61	2.70	2.30	3.07	0.80	0.60	1.97	0.35
苜蓿草粉	87.00	19.10	2.30	22.70	1.40	0.51	0.51	1.66	1.53	0.82	0.21	0.22	0.74	0.43
苜蓿草粉	87.00	17.20	2.60	25.60	1.52	0.22	0.22	1.46	1.35	0.81	0.20	0.16	0.69	0.37
苜蓿草粉	87.00	14.30	2.10	29.80	1.34	0.19	0.19	1.49	1.39	0.60	0.18	0.15	0.45	0.24
啤酒糟	88.00	24.30	5.30	13.40	0.32	0.42	0.14	2.25	2.05	0.72	0.52	0.35	0.81	0.28

续表

饲料名称	干物质DM(%)	粗蛋白（%）	粗脂肪（%）	粗纤维（%）	钙(%)	总磷(%)	有效磷（%）	消化能Mcal/kg	代谢能Mcal/kg	赖氨酸（%）	蛋氨酸（%）	胱氨酸（%）	苏氨酸（%）	色氨酸（%）
啤酒酵母	91.70	52.40	0.40	0.60	0.16	1.02	0.46	3.54	3.02	3.38	0.83	0.50	2.33	0.21
乳清粉	97.20	11.50	0.80	0.10	0.62	0.69	0.52	3.49	3.42	0.88	0.17	0.26	0.71	0.20
酪蛋白	91.70	89.00	0.20		0.20	0.68	0.67	4.13	3.53	6.87	2.52	0.45	3.77	1.33
明胶	90.00	88.60	0.50		0.49			2.80	2.19	3.62	0.76	0.12	1.82	0.05
牛奶乳糖	96.00	3.50	0.50		0.52	0.62	0.62	3.37	3.21	0.14	0.03	0.04	0.09	0.09
乳糖	96.00	0.30						3.53	3.39					
葡萄糖	90.00	0.30						3.36	3.22					
蔗糖	99.00				0.04	0.01	0.01	3.80	3.65					
玉米淀粉	99.00	0.30	0.20			0.03	0.01	4.00	3.84					
牛脂	99.00		98.00					8.00	7.68					
猪油	99.00		98.00					8.29	7.96					
家禽脂肪	99.00		98.00					8.52	8.18					
鱼油	99.00		98.00					8.44	8.10					
大豆油	99.00		98.00					8.75	8.40					
石粉	98.00				35.00									
磷酸氢钙	98.00				22.00	17.00	17.00							
食盐	98.00													
盐酸赖氨酸	98.00									78.00				
硫酸赖氨酸	98.00									55.00				
DL-蛋氨酸	98.00										98.00			
液体蛋氨酸	98.00										65.00			
苏氨酸	98.00										0.00		98.00	
色氨酸	98.00													10.00

二、商品猪全程生产性能估测数据

月龄 / 月	日龄 / 天	体重阶段	饲养天数天	日平均增重 /kg	日采食量 /kg	饲料转化率饲料 / 增重	增重饲料成本元 /kg 增重	各阶段饲料消耗/kg	各阶段饲料金额/元	配方成本元 /kg 饲料
1	15~22	5~7 千克	8	0.294	0.353	1.200	13.200	2.820	31.020	11.00
2	23~36	8~11 千克	14	0.362	0.508	1.400	13.000	7.110	71.101	9.29
2	37~64	11~25 千克	28	0.474	0.874	1.828	5.998	24.472	97.888	3.28
3	65~99	25~50 千克	35	0.699	1.719	2.441	6.616	58.033	177.291	2.71
4	100~134	50~75 千克	35	0.826	2.613	3.165	8.041	93.614	276.629	2.54
5	135~169	75~100 千克	35	0.800	3.175	3.972	10.388	111.120	317.247	2.62
6	170~196	100~135 千克	27	0.735	3.478	4.739	12.549	93.916	262.965	2.65
全程生长数据	15~196	5~135 公斤	182	0.670	2.149	3.221	10.163	391.085	1234.141	

注：表中的数据是一个平均估测值，具体数据因品种、饲养环境、季节和饲料质量、配方水平而发送变化。Alphapig 智能控制系统提供了一个计算软件，可以通过设置不同的品种遗传潜力、饲养管理水平和饲料状况来计算相应的生产性能估测值。

三、商品猪采食量估测值

日龄 天	周龄 周	月龄 月	体重估 测值 kg	日采食量估 测值 kg	日增重 / kg	饲料转化率 料 / 增重	各体重阶段增 重成本元 / kg 体重	各体重阶段饲 料消耗 kg	各体重阶段 饲料成本元
1	1	0	1.400	0.000	0.150	1.200			
2			1.550	0.000	0.200	1.200			
3			1.750	0.000	0.200	1.200			
4			1.950	0.000	0.200	1.200			
5			2.150	0.000	0.200	1.200			
6			2.350	0.000	0.200	1.200			
7			2.550	0.000	0.200	1.200			
8	2		2.750	0.000	0.200	1.200			
9			2.950	0.000	0.250	1.200			
10			3.200	0.000	0.250	1.200			
11			3.450	0.000	0.250	1.200			
12			3.700	0.000	0.250	1.200			
13			3.950	0.000	0.250	1.200			
14			4.200	0.000	0.250	1.200			
15	3		4.450	0.300	0.250	1.200	13.200	2.820	31.020
16			4.700	0.360	0.300	1.200			
17			5.000	0.360	0.300	1.200			
18			5.300	0.360	0.300	1.200			
19			5.600	0.360	0.300	1.200			
20			5.900	0.360	0.300	1.200			
21			6.200	0.360	0.300	1.200			
22	4		6.500	0.360	0.300	1.200			
23			6.800	0.455	0.350	1.300	13.000	7.110	71.101
24			7.150	0.455	0.350	1.300			
25			7.500	0.455	0.350	1.300			
26			7.850	0.455	0.350	1.300			
27			8.200	0.455	0.350	1.300			
28			8.550	0.455	0.350	1.300			
29	5		8.900	0.455	0.350	1.300			
30		1	9.250	0.561	0.374	1.499	14.994		
31			9.624	0.561	0.374	1.499			
32			9.998	0.561	0.374	1.499			
33			10.372	0.561	0.374	1.499			

续表

日龄天	周龄周	月龄月	体重估测值 kg	日采食量估测值 kg	日增重 / kg	饲料转化率料 / 增重	各体重阶段增重成本元 / kg 体重	各体重阶段饲料消耗 kg	各体重阶段饲料成本元
34			10.746	0.561	0.374	1.499			
35			11.120	0.561	0.374	1.499			
36	6		11.494	0.561	0.374	1.499			
37			11.868	0.682	0.419	1.630	5.998	24.472	97.888
38			12.286	0.682	0.419	1.630			
39			12.705	0.655	0.402	1.630			
40			13.107	0.655	0.402	1.630			
41			13.509	0.655	0.402	1.630			
42			13.911	0.655	0.402	1.630			
43	7		14.313	0.655	0.402	1.630			
44			14.715	0.783	0.445	1.761	7.043		
45			15.159	0.783	0.445	1.761			
46			15.604	0.783	0.445	1.761			
47			16.049	0.783	0.445	1.761			
48			16.494	0.783	0.445	1.761			
49			16.939	0.783	0.445	1.761			
50	8		17.383	0.783	0.445	1.761			
51			17.828	0.939	0.496	1.891	7.566		
52			18.325	0.939	0.496	1.891			
53			18.821	0.939	0.496	1.891			
54			19.317	0.939	0.496	1.891			
55			19.813	0.939	0.496	1.891			
56			20.310	0.939	0.496	1.891			
57	9		20.806	0.939	0.496	1.891			
58			21.302	1.111	0.548	2.029	8.114		
59			21.850	1.111	0.548	2.029			
60		2	22.398	1.111	0.548	2.029			
61			22.946	1.111	0.548	2.029			
62			23.493	1.111	0.548	2.029			
63			24.041	1.111	0.548	2.029			
64	10		24.589	1.111	0.548	2.029			
65			25.137	1.298	0.599	2.166	6.616	58.033	177.291
66			25.736	1.298	0.599	2.166			

续表

日龄天	周龄周	月龄月	体重估测值 kg	日采食量估测值 kg	日增重 / kg	饲料转化率料 / 增重	各体重阶段增重成本元 / kg 体重	各体重阶段饲料消耗 kg	各体重阶段饲料成本元
67			26.335	1.298	0.599	2.166			
68			26.934	1.298	0.599	2.166			
69			27.534	1.298	0.599	2.166			
70			28.133	1.298	0.599	2.166			
71	11		28.732	1.298	0.599	2.166			
72			29.332	1.499	0.651	2.303	7.036		
73			29.982	1.499	0.651	2.303			
74			30.633	1.499	0.651	2.303			
75			31.284	1.499	0.651	2.303			
76			31.934	1.499	0.651	2.303			
77			32.585	1.499	0.651	2.303			
78	12		33.236	1.499	0.651	2.303			
79			33.887	1.714	0.702	2.440	7.455		
80			34.589	1.714	0.702	2.440			
81			35.291	1.714	0.702	2.440			
82			35.993	1.714	0.702	2.440			
83			36.695	1.714	0.702	2.440			
84			37.398	1.714	0.702	2.440			
85	13		38.100	1.714	0.702	2.440			
86			38.802	1.943	0.754	2.577	7.874		
87			39.556	1.943	0.754	2.577			
88			40.310	1.943	0.754	2.577			
89			41.063	1.943	0.754	2.577			
90		3	41.817	1.943	0.754	2.577			
91			42.571	1.943	0.754	2.577			
92	14		43.324	1.943	0.754	2.577			
93			44.078	2.144	0.788	2.721	8.313		
94			44.866	2.144	0.788	2.721			
95			45.654	2.144	0.788	2.721			
96			46.442	2.144	0.788	2.721			
97			47.230	2.144	0.788	2.721			
98			48.018	2.144	0.788	2.721			
99	15		48.806	2.144	0.788	2.721			

续表

日龄天	周龄周	月龄月	体重估测值 kg	日采食量估测值 kg	日增重 / kg	饲料转化率料 / 增重	各体重阶段增重成本元 / kg 体重	各体重阶段饲料消耗 kg	各体重阶段饲料成本元
100			49.594	2.356	0.822	2.865	8.041	93.614	276.629
101			50.416	2.356	0.822	2.865			
102			51.239	2.356	0.822	2.865			
103			52.061	2.356	0.822	2.865			
104			52.883	2.356	0.822	2.865			
105			53.706	2.356	0.822	2.865			
106	16		54.528	2.356	0.822	2.865			
107			55.350	2.479	0.824	3.009	8.890		
108			56.174	2.479	0.824	3.009			
109			56.999	2.479	0.824	3.009			
110			57.823	2.479	0.824	3.009			
111			58.647	2.479	0.824	3.009			
112			59.471	2.479	0.824	3.009			
113	17		60.295	2.479	0.824	3.009			
114			61.119	2.608	0.826	3.159	9.334		
115			61.945	2.608	0.826	3.159			
116			62.770	2.608	0.826	3.159			
117			63.596	2.608	0.826	3.159			
118			64.422	2.608	0.826	3.159			
119			65.248	2.608	0.826	3.159			
120	18	4	66.073	2.608	0.826	3.159			
121			66.899	2.745	0.828	3.316	9.800		
122			67.727	2.745	0.828	3.316			
123			68.554	2.745	0.828	3.316			
124			69.382	2.745	0.828	3.316			
125			70.210	2.745	0.828	3.316			
126			71.037	2.745	0.828	3.316			
127	19		71.865	2.745	0.828	3.316			
128			72.693	2.879	0.829	3.474	10.266		
129			73.521	2.879	0.829	3.474			
130			74.350	2.879	0.829	3.474			
131			75.179	2.879	0.829	3.474			
132			76.007	2.879	0.829	3.474			

续表

日龄天	周龄周	月龄月	体重估测值 kg	日采食量估测值 kg	日增重 / kg	饲料转化率料 / 增重	各体重阶段增重成本元 / kg 体重	各体重阶段饲料消耗 kg	各体重阶段饲料成本元
133			76.836	2.879	0.829	3.474			
134	20		77.664	2.879	0.829	3.474			
135			78.493	2.980	0.819	3.639	10.388	111.120	317.247
136			79.312	2.980	0.819	3.639			
137			80.131	2.980	0.819	3.639			
138			80.950	2.980	0.819	3.639			
139			81.770	2.980	0.819	3.639			
140			82.589	2.980	0.819	3.639			
141	21		83.408	2.980	0.819	3.639			
142			84.227	3.079	0.810	3.803	10.858		
143			85.037	3.079	0.810	3.803			
144			85.846	3.079	0.810	3.803			
145			86.656	3.079	0.810	3.803			
146			87.466	3.079	0.810	3.803			
147			88.275	3.079	0.810	3.803			
148	22		89.085	3.079	0.810	3.803			
149			89.894	3.175	0.800	3.968	11.328		
150		5	90.695	3.175	0.800	3.968			
151			91.495	3.175	0.800	3.968			
152			92.295	3.175	0.800	3.968			
153			93.095	3.175	0.800	3.968			
154			93.895	3.175	0.800	3.968			
155	23		94.695	3.175	0.800	3.968			
156			95.496	3.273	0.791	4.139	11.817		
157			96.286	3.273	0.791	4.139			
158			97.077	3.273	0.791	4.139			
159			97.868	3.273	0.791	4.139			
160			98.658	3.273	0.791	4.139			
161			99.449	3.273	0.791	4.139			
162	24		100.240	3.273	0.791	4.139			
163			101.030	3.367	0.781	4.310	12.306		
164			101.812	3.367	0.781	4.310			
165			102.593	3.367	0.781	4.310			

续表

日龄天	周龄周	月龄月	体重估测值 kg	日采食量估测值 kg	日增重 / kg	饲料转化率料 / 增重	各体重阶段增重成本元 / kg 体重	各体重阶段饲料消耗 kg	各体重阶段饲料成本元
166			103.374	3.367	0.781	4.310			
167			104.155	3.367	0.781	4.310			
168			104.936	3.367	0.781	4.310			
169	25		105.718	3.367	0.781	4.310			
170			106.499	3.416	0.762	4.482	12.549	93.916	262.965
171			107.261	3.416	0.762	4.482			
172			108.023	3.416	0.762	4.482			
173			108.785	3.416	0.762	4.482			
174			109.548	3.416	0.762	4.482			
175			110.310	3.416	0.762	4.482			
176	26		111.072	3.416	0.762	4.482			
177			111.834	3.464	0.743	4.660	13.048		
178			112.578	3.464	0.743	4.660			
179			113.321	3.464	0.743	4.660			
180		6	114.064	3.464	0.743	4.660			
181			114.807	3.464	0.743	4.660			
182			115.551	3.464	0.743	4.660			
183	27		116.294	3.464	0.743	4.660			
184			117.037	3.504	0.724	4.838	13.547		
185			117.761	3.504	0.724	4.838			
186			118.486	3.504	0.724	4.838			
187			119.210	3.504	0.724	4.838			
188			119.934	3.504	0.724	4.838			
189			120.659	3.504	0.724	4.838			
190	28		121.383	3.504	0.724	4.838			
191			122.107	3.538	0.705	5.016	14.046		
192			122.813	3.538	0.705	5.016			
193			123.518	3.538	0.705	5.016			
194			124.223	3.538	0.705	5.016			
195			124.929	3.538	0.705	5.016			
196			125.634	3.538	0.705	5.016			

四、种猪采食量估测

胎次	妊娠时间	体况	采食量	代谢能需要量	饲料代谢能
	天		kg	千卡	千卡
1	0~28	正常	1.80	5850	3250
		偏肥	1.70	5525	3250
		偏瘦	1.90	6175	3250
2，及以上	0~28	正常	2.30	7475	3250
		偏肥	1.90	6175	3250
		偏瘦	3.50	11375	3250
1	29~90	正常	1.90	6175	3250
		偏肥	1.80	5850	3250
		偏瘦	2.10	6825	3250
2，及以上	29~90	正常	1.90	6175	3250
		偏肥	1.80	5850	3250
		偏瘦	2.50	8125	3250
1	90~114	正常	2.70	8775	3250
		偏肥	2.00	6500	3250
		偏瘦	2.80	9100	3250
2，及以上	90~114	正常	2.70	8775	3250
		偏肥	1.80	5850	3250
		偏瘦	2.80	9100	3250
分娩前 2~4 天			2.00	6500	3250
哺乳期			6.20	20150	3250
空怀期			2.50	8125	3250
公猪			2.00	6500	3250

五、商品猪营养需要标准参考值

指标	体重 / 千克						
	5~7	7~11	11~25	25~50	50~75	75~100	100~135
日粮有效消化能 /（千卡 / 千克）	3542	3542	3490	3402	3402	3402	3402
估测采食量	280	493	953	1582	2229	2636	2933
体增重 /（克 / 日）	210	335	585	758	900	917	867
体蛋白沉积 /（克 / 日）	—	—	—	128	147	141	122
	钙和磷 /（%）						
总钙	0.85	0.80	0.70	0.66	0.59	0.52	0.46
有效磷	0.41	0.36	0.29	0.26	0.23	0.21	0.18
总磷	0.70	0.65	0.60	0.56	0.52	0.47	0.43
赖氨酸	1.70	1.53	1.40	1.12	0.97	0.84	0.71
蛋氨酸	0.49	0.44	0.40	0.32	0.28	0.25	0.21
蛋氨酸＋半胱氨酸	0.96	0.87	0.79	0.65	0.57	0.50	0.43
苏氨酸	1.05	0.95	0.87	0.72	0.64	0.56	0.49
色氨酸	0.28	0.25	0.23	0.19	0.17	0.15	0.13
总氮	3.63	3.29	3.02	2.51	2.20	1.94	1.67
估算有效代谢能摄入量 /（千卡 / 日）	904	1592	3033	4959	6989	8265	9196
估测采食量 /（克 / 日）	280	493	953	1582	2229	2636	2933
体增重 /（克 / 日）	210	335	585	758	900	917	867
体蛋白沉积 /（克 / 日）	—	—	—	128	147	141	122
粗蛋白质 %	22.69	20.56	18.88	15.69	13.75	12.13	10.44
摄入量（克）	63.53	101.37	179.88	248.18	306.49	319.62	306.13
粗蛋白 / 代谢能（克 / 兆卡）	70.27	63.68	59.31	50.05	43.85	38.67	33.29
赖氨酸 %	1.70	1.53	1.40	1.12	0.97	0.84	0.71
摄入量（克）	4.76	7.54	13.34	17.72	21.62	22.14	20.82
赖 / 粗蛋白（克 / 克）	0.075	0.074	0.074	0.071	0.071	0.069	0.068
赖 / 代谢能（克 / 兆卡）	5.27	4.74	4.40	3.57	3.09	2.68	2.26
蛋氨酸	0.49	0.44	0.40	0.32	0.28	0.25	0.21

续表

指标	体重 / 千克						
	5~7	7~11	11~25	25~50	50~75	75~100	100~135
蛋 / 赖	28.82	28.76	28.57	28.57	28.87	29.76	29.58
蛋氨酸 + 半胱氨酸	0.96	0.87	0.79	0.65	0.57	0.50	0.43
蛋 + 胱 / 赖	56.47	56.86	56.43	58.04	58.76	59.52	60.56
苏氨酸	0.81	0.73	0.67	0.54	0.47	0.41	0.35
苏 / 赖	47.65	47.71	47.86	48.21	48.45	48.81	49.30
色氨酸	0.28	0.25	0.23	0.19	0.17	0.15	0.13
色 / 赖	16.47	16.34	16.43	16.96	17.53	17.86	18.31

六、妊娠母猪营养需要标准参考值

胎次（配种时体重，kg）	1（140）		2（165）		3（185）		4+（205）					
预期孕期体增重 / kg	65		60		52.2		45		40		45	
预产窝产仔数	12.5		13.5		13.5		13.5		13.5		15.5	
妊娠天数	＜90	＞90	＜90	＞90	＜90	＞90	＜90	＞90	＜90	＞90	＜90	＞90
日粮消化能 /（kcal/kg）	3388	3388	3388	3388	3388	3388	3388	3388	3388	3388	3388	3388
日粮代谢能 /（kcal/kg）	3300	3300	3300	3300	3300	3300	3300	3300	3300	3300	3300	3300
估算代谢能摄入量 /（kcal/ 日）	6678	7932	6928	8182	6928	8182	6897	8151	6427	7681	6521	7775
估算采食量 /（克 / 日）	2130	2530	2210	2610	2210	2610	2200	2600	2050	2450	2080	2480
增重 /（克 / 日）	578	543	539	481	472	408	410	340	364	298	416	313
总钙（%）	0.61	0.83	0.54	0.78	0.49	0.72	0.43	0.67	0.46	0.71	0.46	0.75
有效磷（%）	0.23	0.31	0.20	0.29	0.18	0.27	0.16	0.25	0.17	0.26	0.17	0.28
总磷（%）	0.49	0.62	0.45	0.58	0.41	0.55	0.38	0.52	0.40	0.54	0.40	0.56
赖氨酸	0.61	0.80	0.52	0.71	0.45	0.62	0.39	0.55	0.39	0.56	0.40	0.59
蛋氨酸	0.18	0.23	0.15	0.20	0.13	0.18	0.11	0.16	0.11	0.16	0.12	0.17
蛋氨酸+半胱氨酸	0.41	0.54	0.36	0.48	0.32	0.44	0.29	0.40	0.29	0.41	0.30	0.43
苏氨酸	0.46	0.58	0.41	0.53	0.37	0.48	0.34	0.44	0.34	0.45	0.35	0.47
色氨酸	0.11	0.15	0.10	0.14	0.09	0.13	0.08	0.12	0.08	0.12	0.08	0.13
总氮	1.62	2.15	1.42	1.95	1.26	1.77	1.14	1.62	1.15	1.65	1.18	1.74
粗蛋白质	10.13	13.44	8.88	12.19	7.88	11.06	7.13	10.13	7.19	10.31	7.38	10.88

七、哺乳母猪营养需要估测值

胎次	1	1	1	≥ 2	≥ 2	≥ 2
产仔后体重（千克）	175	175	175	210	210	210
窝产仔数	11	11	11	11.5	11.5	11.5
泌乳期长度（天）	21	21	21	21	21	21
泌乳仔猪平均日增重（克）	190	230	270	190	230	270
日粮净能 /（kcal/kg）	2518	2518	2518	2518	2518	2518
日粮有效消化能 /（kcal/kg）	3388	3388	3388	3388	3388	3388
日粮有效代谢能 /（kcal/kg）	3300	3300	3300	3300	3300	3300
估算有效代谢能摄入量 /（Mcal/d）	18.7	18.7	18.7	20.7	20.7	20.7
估算采食量 /（克 / 日）	5.95	5.95	5.95	6.61	6.61	6.61
母猪预计体重变化（千克）	1.5	-7.7	-17.4	3.7	-5.8	-15.9
总钙	0.63	0.71	0.80	0.60	0.68	0.76
有效磷	0.27	0.31	0.35	0.26	0.29	0.33
总磷	0.56	0.62	0.67	0.54	0.60	0.65
总氮	1.40	1.52	1.64	1.35	1.46	1.57
赖氨酸	0.86	0.93	1.00	0.83	0.90	0.96
蛋氨酸	0.23	0.25	0.27	0.23	0.24	0.26
蛋氨酸 + 半胱氨酸	0.47	0.51	0.55	0.46	0.49	0.53
苏氨酸	0.58	0.62	0.67	0.56	0.60	0.65
色氨酸	0.16	0.18	0.19	0.15	0.17	0.18
总氨	1.95	2.08	2.22	1.89	2.01	2.15
粗蛋白质	13.54	14.44	15.42	13.13	13.96	14.93

八、养殖场室内空气消毒常用消毒药物

（1）聚维酮碘（碘伏）：有效成分：碘，使用浓度 0.005%。

（2）含碘分子产品：有效成分：分子碘，使用浓度 0.0055%。

（3）氯化二甲基羟铵和戊二醛 5∶1 配伍：使用浓度 0.0022%。

（4）戊二醛：使用浓度 0.01%。

（5）甲醛、戊二醛、乙醛、苯扎氯铵等配伍：使用浓度 0.05%。

（6）癸甲溴铵：使用浓度 0.0167%。

（7）苯扎溴铵：使用浓度 0.01%。

（8）含氯消毒剂 : 使用浓度 0.05%。

（9）过氧化氢：使用浓度 0.0006%。

（10）复合酚：使用浓度 0.3%。

上述消毒剂按使用浓度，每立方米空间用量为 10~20 克。每日雾化消毒 1 次。每二个月更换一种消毒剂。

对于一个长 60 米，宽 9 米，高 3 米的猪舍，空间体积为 1620 米^3，需要约 20 千克消毒液。纳米孵化器每小时的雾化能力为 40 千克液体，雾化消毒时间为 30 分钟。

建议用户购买品牌产品，以保证有效成分含量和消毒灭菌效果。

九、猪场消化道给药常用药物使用指南

1. 治疗给药

治疗给药应由现场兽医临床诊治后确定。

2. 预防强化给药

不定期或定期给予猪群 3~5 天的消化道强化给药，可以有效抑制肠道有害微生物的负荷，减轻病原微生物引起的生物应激。

方案一：泰乐菌素：配制 0.01% 水溶液，每日在给料前送入料槽。每日每头猪的药液量为 1.5~2.5 千克。

方案二：土霉素：配制 0.04% 水溶液，每日在给料前送入料槽。每日每头猪的药液量为 1.5 ~2.5 千克。

方案三：诺氟沙星：配制 0.01% 水溶液，每日在给料前送入料槽。每日每头猪的药液量为 1.5 ~2.5 千克。

方案四：环丙沙星：配制 0.001% 水溶液，每日在给料前送入料槽。每日每头猪的药液量为 1.5 ~2.5 千克。

方案五：氯霉素：配制 0.01% 水溶液，每日在给料前送入料槽。每日每头猪的药液量 1.5 ~2.5 千克。

方案七：青霉素：配制 0.01% 水溶液，每日在给料前送入料槽。每日每头猪的药液量为 1.5~2.5 千克。

猪场可在各生产阶段，如妊娠、断奶、生长猪 25 ~75 千克、75 千克~ 出栏、哺乳母猪和断奶母猪实施上述方案一次。每次持续时间约 5 天。各方案可以任意选择，并适当轮换。

十、猪场雾化给药预防呼吸道病常用药物使用指南

猪呼吸道疾病综合症（PRDC）是由病毒、细菌、环境应激和猪体免疫力低下等四个方面因素相互作用所造成，在 7~8 周龄和 13~15 周龄是两个发病高峰期，但在其他日龄也有零星发生，其发病率可达 30%~70%，死亡率在 10%~30% 不等。虽然环境应激如猪舍中氨气及粉尘超标和昼夜温差超过 5℃是诱发 PRDC 的重要原因。但病毒和细菌的感染起了决定性作用。现已证实引起 PRDC 的原发病原主要有猪繁殖与呼吸综合症病毒（PRRSV）、猪肺炎支原体（Mh）、猪伪狂犬病毒（PRV）、猪败血波特氏杆菌（Bb）、猪胸膜肺炎放线杆菌（APP）、猪流感病毒（SIV）等；继发病原主要有链球菌（SC），2 型圆环病毒（PCV2）、多杀性巴氏杆菌（Pm）、副猪嗜血杆菌（HP）、沙门氏杆菌（Ss）、附红细胞体等。

1. 后备母猪

方案 1：配制含 1% 替米考星的水溶液，于配种前 20 天左右雾化给药。每日一次，每次雾化 30 分钟，连续给药 14 天。

方案 2：配制含 0.3% 氟苯尼考和 1% 阿莫西林的混合水溶液，于配种前 20 天左右雾化给药。每日一次，每次雾化给药 30 分钟。连续给药 14 天。

公猪的药物预防可参照后备母猪药物预防方案实施。

2. 妊娠母猪

实施方案：配制含 0.5% 枝原净、1% 强力霉素和 1% 阿莫西林的混合水溶液，于产前、产后各给药 7 天。每日一次，每次雾化给药时间持续 30 分钟。

3. 育肥猪（2 月龄以上）

实施方案：配制含 0.2% 氟苯尼考和 1% 支原净的混合水溶液，每日一次，每次雾化给药 30 分钟。不定期连续给药 7 天。

4. 断奶仔猪

方案一：配制含 0.8% 支原净和 1% 强力霉素的混合水溶液，每日一次，每次雾化给药 30 分钟。于断奶前后各喷雾给药 7 天。

方案二：配制含 0.8% 支原净和 0.2% 氟苯尼考的混合水溶液，每日一次，每次雾化给药 30 分钟。于断奶前后各喷雾给药 7 天。

Alphpig 云精准饲养系统部分产品图片

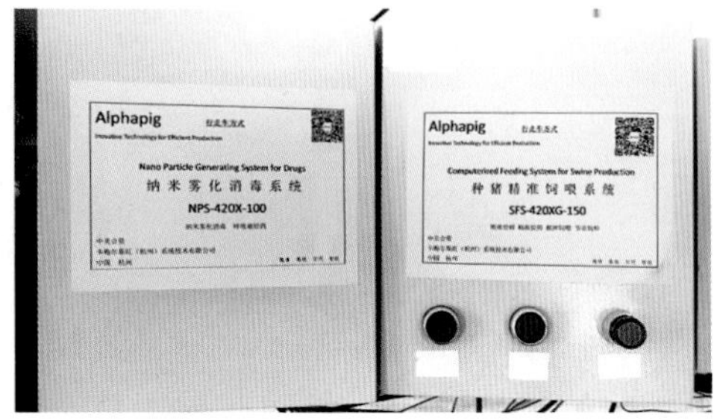

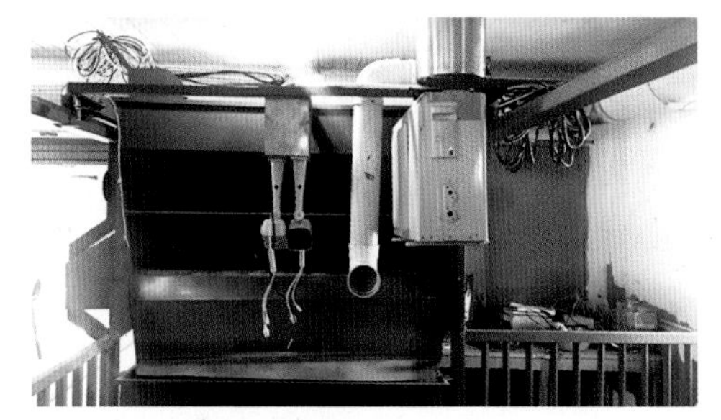
移动式精准饲喂器（带纳米雾化器）

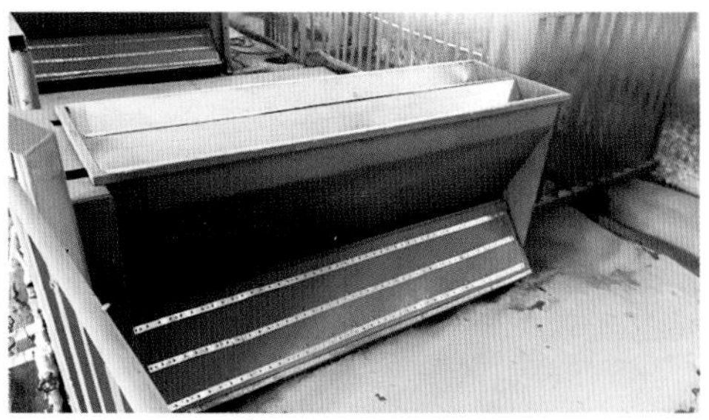
带盖自动喂料器

地磅自动称重系统

固定式纳米雾化系统

内循环系统循环器

内循环系统分风系统

内循环系统分风系统

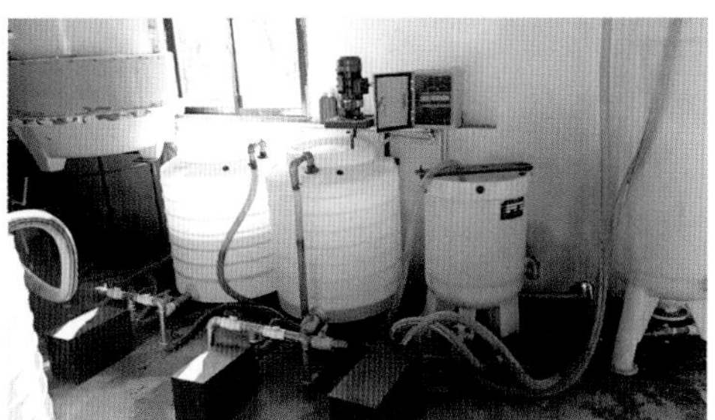

二氧化碳吸收液再生系统

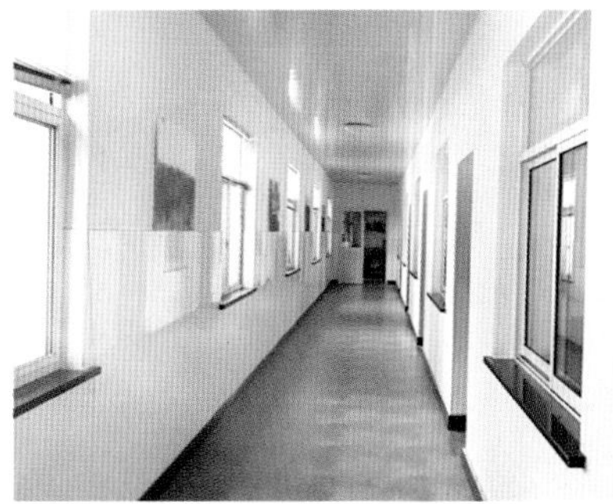

评价实验室

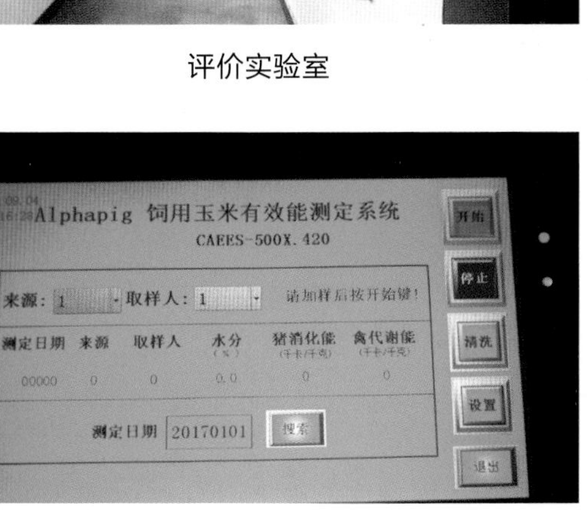

移动式母猪精准喂料器

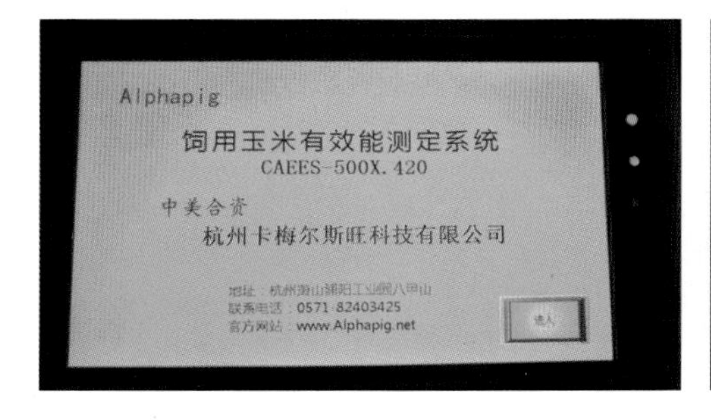

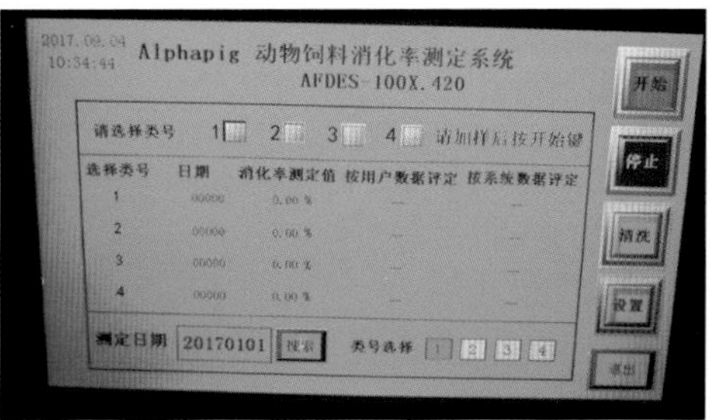

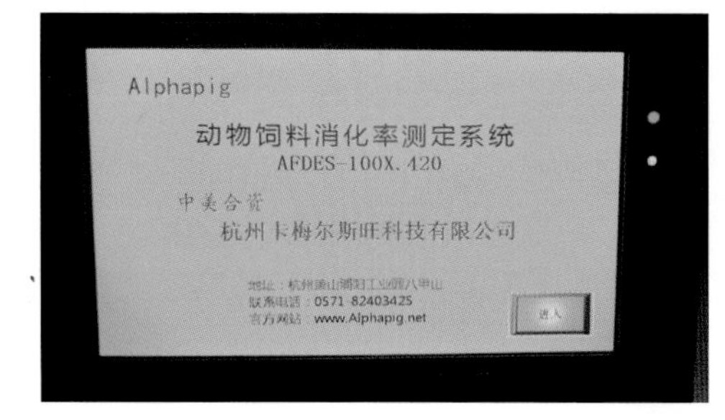
Alphapig
动物饲料消化率测定系统
AFDES-100X.420
中美合资
杭州卡梅尔斯旺科技有限公司
联系电话：0571-82403425
官方网站：www.Alphapig.net

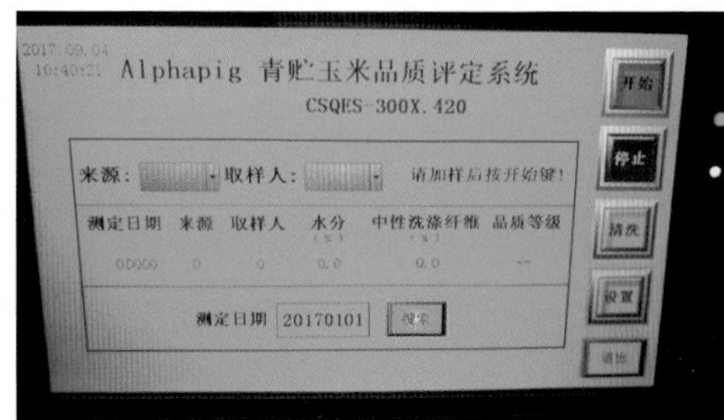
2017.09.04
Alphapig 青贮玉米品质评定系统
CSQES-300X.420
开始
停止
清洗
设置
来源：
取样人：
请加样后按开始键！
测定日期 来源 取样人 水分 中性洗涤纤维 品质等级
测定日期 20170101

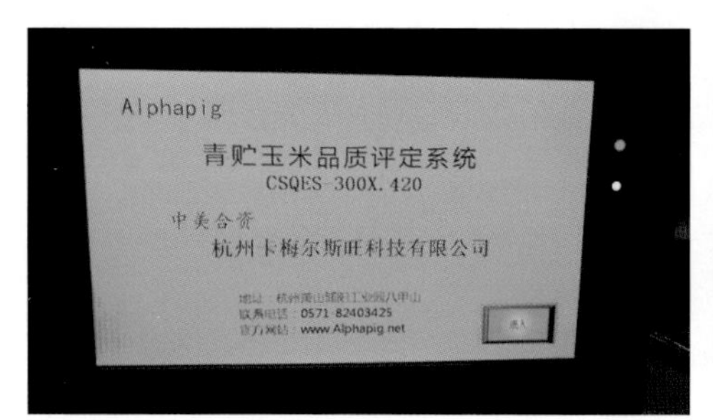
Alphapig
青贮玉米品质评定系统
CSQES-300X.420
中美合资
杭州卡梅尔斯旺科技有限公司
联系电话：0571-82403425
官方网站：www.Alphapig.net

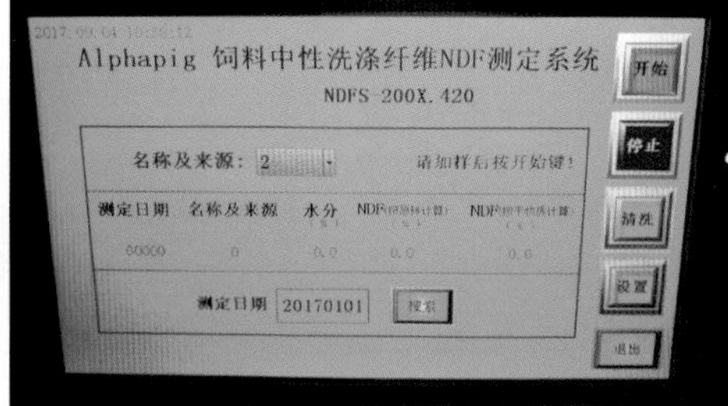
Alphapig 饲料中性洗涤纤维NDF测定系统
NDFS-200X.420
开始
停止
清洗
设置
名称及来源：2
请加样后按开始键！
测定日期 名称及来源 水分
测定日期 20170101

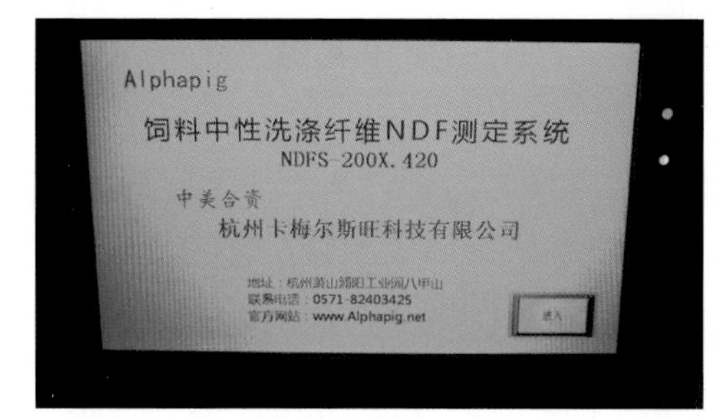
Alphapig
饲料中性洗涤纤维NDF测定系统
NDFS-200X.420
中美合资
杭州卡梅尔斯旺科技有限公司
联系电话：0571-82403425
官方网站：www.Alphapig.net

后 记

记得20世纪90年代初，每次和中国农业大学动物科学技术学院的李德发教授碰面的时候，他总会说我们年轻，有机会，我却不以为然。

不知不觉，自己已过知天命之年，机会呢，也不知去哪里了。李德发院士继承和发展杨胜教授的代谢实验室，成果累累。同时间里，我大学的一些指导老师，还有在中国农业大学的硕士导师杜伦教授，博士导师戎易教授则已过世多年。

笔者1990年博士毕业后，在中国农业科学院畜牧研究所张子仪研究员的指导下工作。令人欣慰的是，张老先生仍身体健康，思维敏捷。作为国内动物营养的首位院士，笔者从张院士那里学到了诸多的思想和教诲。只是当时年轻想法多，早早离开了他的指导，独自去闯世界了。

我们这一代人是怀着建设国家的梦想去努力求学的。笔者清楚记得，1985年9月研究生入学新学期开始，北京农业大学校门口常常有海报，预告某某国外学者来校讲学的的布告，感觉十分受到激励，觉得应努力钻研，做出科研成果。

30年过去了，当时一起读硕士和博士研究生的同学，现在多数已成为科研骨干，学科领军人物，有的已进入院士队伍，也许还会有更多成为院士。今年新晋院士的赵春江研究员，主要成就是农业计算机应用。我们1987年在一起读博士的时候，他的方向是农业专家系统研究，笔者的课题是目标规划饲料配方计算机系统的研制。赵春江院士毕业后从田间地头推广开始，发展至今建立了智能农业国家工程中心，为农业计算机应用做出了贡献。

同学和同事，都可以成为鞭策自己前进的榜样。自从2002年离开中国农业科学院畜牧研究所，笔者也一直希望用自己的专业技能，既能创收，过体面的生活，又有富余的资金开展自己有兴趣的研究工作。

为此，在生产实践领域埋头干起来，先在办公室建立化学合成实验室，后进行烟酸的合成实验和中试生产车间建设，接下来进行蒙脱石加载铜离子的抗菌产品研制，中草药的饲养效果评价，还有纤维素制乙醇工艺的研究、与在美国的同学建联合实验室开展微生物转化木糖生产木糖醇的研究等。这些工作虽然至今未有经济效果，但给自己补了很多实践活动的课，也开阔了视野，并为本著作中所列的项目研发打下了必要的技能基础。

不过即使已拿到博士毕业文凭,理解的东西也只是已做的事情,非常狭隘。在2002年离开中国农业科学院畜牧研究所，独自闯入社会时，手头的技能也很有限，考虑问题和解决问题的方式也是书生气十足。即使又在社会上摸爬滚打了10年，仍然感觉做事容易主观臆断，掌握的技能不够用。

记得在中国农业大学120周年校庆和研究生同学30年聚会会上，中国农业大学动物科学技术学院院长呙于明老同学也有感于前30年做事是懵懵懂懂过来的。看来我还不是个案。

在本书的后记里专门写这些文字，是忍不住诟病于现行教育系统唯分数论的弊端。对于这一科教系统，我们既是受益者，因为我们能考好成绩，但也是受害者，因为我们的学习方式和我们被教育的方式太偏离实际。2500年前，就有四体不勤，五谷不分的说法，时至今日，似乎还在延续。这难道是东方教学的宿命?

30年磨一剑，经历了一路的探索。

不过，我们还有些剩余的时间，或许可以弥补业已逝去的遗憾。古云，亡羊补牢，犹未为晚。在此，希望与同学、同事和行业同仁们一起互勉吧。

衷心感谢指导过我的老师、帮助过我的同学和朋友。你们是我学习的榜样，前进的动力。

笔者也十分期盼，在畜牧生产、科研和教学领域，在各方努力下，“精准饲养方案”会变为“精准饲养学”。我国畜牧业将形成后发优势，进入高效、绿色和可持续发展的智能养殖时代。

许万根 博士

写于加拿大 温哥华寓所

2017年12月16日